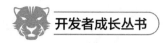

开发者成长丛书

仓颉程序设计语言

刘安战◎著

清华大学出版社

北京

内 容 简 介

这是一本系统阐述仓颉程序设计语言的技术图书，仓颉程序设计语言是一门由华为技术有限公司研发的国产计算机高级编程语言。

全书共 15 章，从最简单的仓颉程序开始讲解，全面覆盖仓颉程序设计语言的基本语法、语义规则。第 1 章为引言，简单介绍仓颉语言的历史和特点。第 2 章介绍第 1 个仓颉程序。第 3 章和第 4 章介绍仓颉语言的基本类型、运算符、基本输入/输出和控制结构等。第 5 章介绍函数。第 6~9 章讲解仓颉语言中的高级类型和类型关系，包括结构、枚举、类、接口、继承等。第 10 章介绍泛型和常用集合，泛型是对类型的进一步抽象。第 11 章介绍属性和扩展。第 12 章介绍多线程和异常处理，多线程为处理并发问题提供了基础。第 13 章介绍包，包管理为组织多文件及大型项目提供了机制保障。第 14 章和第 15 章是自动微分和元编程，自动微分为仓颉语言在人工智能应用中提供了更高的开发效率，元编程则使仓颉语言具有通过代码生成代码和修改代码的能力。

本书在介绍仓颉语言特性的同时，配备了大量示例代码及说明，使读者在学习仓颉程序语言规则上更容易理解，书中示例代码均经过测试。

本书可作为开发者了解及认识仓颉编程语言的入门书，也可作为大学计算机、软件工程专业相关课程的教材或参考书，还可作为仓颉程序设计工程师的参考书。

图书在版编目（CIP）数据

仓颉程序设计语言 / 刘安战著. —北京：清华大学出版社，2024.6
（开发者成长丛书）
ISBN 978-7-302-61530-9

Ⅰ. ①仓⋯　Ⅱ. ①刘⋯　Ⅲ. ①程序语言－程序设计　Ⅳ. ①TP312

中国版本图书馆 CIP 数据核字（2022）第 144405 号

责任编辑：赵佳霓
封面设计：刘　键
责任校对：时翠兰
责任印制：刘海龙

出版发行：清华大学出版社
　　　　网　　　　址：https://www.tup.com.cn，https://www.wqxuetang.com
　　　　地　　　　址：北京清华大学学研大厦 A 座　　　邮　　编：100084
　　　　社　总　机：010-83470000　　　　　　　　邮　　购：010-62786544
　　　　投稿与读者服务：010-62776969，c-service@tup.tsinghua.edu.cn
　　　　质　量　反　馈：010-62772015，zhiliang@tup.tsinghua.edu.cn
　　　　课　件　下　载：https://www.tup.com.cn，010-83470236
印　装　者：三河市天利华印刷装订有限公司
经　　销：全国新华书店
开　　本：186mm×240mm　　　印　　张：13.5　　　字　　数：309 千字
版　　次：2024 年 7 月第 1 版　　　　　　　印　　次：2024 年 7 月第 1 次印刷
印　　数：1~2000
定　　价：59.00 元

产品编号：098646-01

前 言
PREFACE

中国华为技术有限公司发布仓颉程序设计语言恰逢我国近年来在高精尖及基础领域受到国外挤压的关键时期。作为软件基础领域的编程语言，国产化对我国软件行业发展具有战略意义。

仓颉程序设计语言的出现，是华为技术有限公司基础技术进一步提升的结果，也是我国多年来信息技术发展长期积淀的结果，更是国家发展战略的需要。

仓颉程序设计语言作为一门新的程序设计语言，吸取了众多其他编程语言的优点，同时满足编程语言在未来技术中的需要。仓颉语言在设计上把一些面向未来的技术作为语言本身的特性，如自动微分等。另外，仓颉语言还在不断完善及发展的过程中，开发者需要用发展的眼光看待仓颉程序设计语言。

本书适合具有一定高级编程语言基础的读者，适合具有一定计算机或软件开发基础的大学生或软件开发者阅读。本书通过系统阐述和丰富的示例代码帮助开发者快速掌握仓颉程序设计语言，开启国产化程序设计的新天地。

本书主要内容

第 1 章　引言，简要介绍仓颉程序设计语言的历史和特点，说明本书面向的读者。

第 2 章　第 1 个仓颉程序，介绍如何编写仓颉 Hello World 程序，通过编译、运行该程序说明仓颉程序的基本开发过程，本章还介绍仓颉程序包含的元素。

第 3 章　基本类型和运算符，介绍仓颉程序中的常量和变量，基本的数据类型，基本的算术运算符、关系运算符和逻辑运算符等。

第 4 章　基本输入/输出和控制结构，介绍仓颉语言中的基本输出函数、终端输入/输出及其常用成员函数的使用、控制结构等。控制结构中包括顺序、选择和循环 3 种基本程序控制结构，分别介绍 3 种结构在仓颉程序中的具体表达。

第 5 章　函数，介绍函数的定义、函数的调用和函数的高级特性。函数具有类型，可以作为参数传递或返回，并且可以嵌套。仓颉语言还支持 Lambda 表达式，相当于匿名函数。

第 6 章　结构和枚举类型，介绍结构类型的定义、创建使用结构、结构成员和访问控制等，以及枚举类型的用法和仓颉语言内置的枚举类型 Option 类型。

第 7 章　类和对象，介绍类的定义、对象的创建和使用、类的成员、可见性和写限制，类是自定义的高级数据类型，是面向对象编程的基本概念，也是面向对象程序设计中基本特征封装的具体实现。

第 8 章　继承和接口，介绍通过继承定义派生类、继承中的构造函数、访问权限、重载、覆盖和重定义，以及接口的定义和继承、接口的实现、Any 接口。继承是面向对象设计的基本特征之一，接口是类型中的更高层次抽象。

第 9 章　类型关系，介绍类和子类型、接口和子类型、函数使用中的子类型、类型转换、类型判断、类型别名。仓颉语言是强类型语言，类型关系在实际开发中发挥着重要的作用，子类型和父类型之间的隐性切换是面向对象多态性的具体体现。

第 10 章　泛型和常用集合，介绍泛型类型、泛型函数、泛型约束，以及常用的几个集合类型，包括 Array、ArrayList、HashSet、HashMap。泛型是一种类型参数化技术，提高了编写程序的通用性。

第 11 章　属性和扩展，介绍属性的定义和使用、扩展的定义和使用。属性提供了更加方便访问程序的机制，扩展在不产生新类型的情况下为已有类型提供了扩充新功能的能力。

第 12 章　多线程和异常处理，多线程部分包括线程的创建、线程的等待和线程同步，异常处理部分包括异常类型、抛出和异常处理。

第 13 章　包，介绍包声明、包中的可见性、包的导入、多包项目编译、main 函数参数等，多个包的组织和管理是完成大型项目所必需的，包管理为组织大型项目提供了有效的语言机制。

第 14 章　自动微分，首先简要介绍微分技术，然后介绍仓颉语言中简单的函数自动微分，最后介绍仓颉语言中的可微类型、可微函数、自动微分 API、高阶微分。仓颉语言把自动微分作为语言本身的基本特性进行设计，为仓颉语言应用在人工智能等领域提供了更好的支持。

第 15 章　元编程，首先简要介绍元编程概念，然后介绍仓颉语言中的元编程类型、引述表达式、宏等。仓颉语言元编程使其具有通过代码生成代码和修改代码的能力，元编程可以在编译阶段优化生成运行效率更高的代码。

阅读建议

这是一本仓颉程序设计语言的入门书，但不是一本程序设计的入门书，因此笔者认为学习本书需要具备一定的程序设计基础。

致谢

在本书的撰写过程中，笔者得到了来自多方的支持和帮助，在这里特别表示感谢。

首先感谢家人的支持，如果没有家人的支持，可能无法完成本书。

感谢中原工学院的同事，笔者在撰写本书的过程中得到了多位领导和老师的支持、帮助，如余雨萍、李勇军、张玉莹、马超凡、贾晓辉、朱彦松等。感谢研究生周鹏，在成书过程中和笔者共同学习、探讨了仓颉程序设计语言。

感谢华为技术有限公司一大批优秀的工程师，如果没有他们的努力恐怕不会有仓颉编程语言的面世。在成书过程中笔者参考了华为技术有限公司提供的官方技术文档。

感谢仓颉语言技术社区和社区里的众多同人，在本书成稿过程中，社区提供了很好的交流平台，通过和很多技术同人交流使笔者对仓颉语言有了更好、更深的理解。

感谢清华大学出版社工作人员的辛勤工作，特别感谢赵佳霓编辑，从策划选题到出版的过程中付出了许多努力。

刘安战

2024 年 5 月

目录
CONTENTS

本书源码

第1章

引　言

1.1　仓颉语言的起源

计算机高级编程语言发展到今天，已经出现了大量的高级编程语言，如 C、C++、Java、Python、Go 等，但是这些语言无一例外地都起源于国外设计者。

仓颉程序设计语言是由我国华为技术有限公司开发的高级计算机编程语言，"仓颉"一词源于我国古代传说仓颉造字，具有明显的中国文化特色。

尽管仓颉造字的故事流传了几千年，但是华为技术有限公司开发的仓颉编程语言的历史却很短。2020 年 8 月，华为技术有限公司注册了"仓颉语言"商标。2021 年 10 月，PLLab 在 Gitee 上为仓颉创建了仓库，并首先发布了 v0.22.3 版本，随后开始对部分开发者开放。到 2022 年 4 月底，PLLab 在 Gitee 上先后又发布了多个 alpha 版本。目前，仓颉程序设计语言作为一门新生的计算机高级编程语言还在不断发展及完善中。

1.2　仓颉语言的特点

仓颉程序设计语言是一门计算机高级编程语言，它具有一般高级编程语言的特点。仓颉语言同时也是结合了现代编程语言技术的面向全场景应用开发的通用编程语言，仓颉语言有以下主要特点。

（1）类型安全：仓颉语言是静态强类型语言，语言要求程序中所有的量必须有确定的类型，这样在编译时能够尽早发现程序中的类型不匹配错误，避免运行时出现错误。

（2）类型自动推定：仓颉编译器提供了强大的类型自动推断能力，在不存在歧义的情况下，自动推断判定类型，这样可以减少开发者在编写程序时进行类型标注的工作量，提高编写程序代码的灵活性。

（3）内存自动管理：仓颉语言采用了垃圾收集机制，支持自动内存管理，避免了内存泄漏等错误。程序在运行时还会进行数组下标越界、计算溢出检查等，可以确保程序运行期间内存访问安全。

（4）多范式编程：仓颉语言支持函数式、面向对象方式和命令式的多种范式编程。语言融合了代数数据类型、高阶函数、模式匹配等函数式语言的先进特性。仓颉语言具有继承、封装、多态等面向对象的基本特征，支持类、对象、接口、泛型等。同时，仓颉语言还有值类型、全局函数等简洁高效的命令式语言特性。

（5）多线程：仓颉语言支持多线程，可以进行多线程并发编程。仓颉语言提供了原生的用户态轻量化的多线程，支持高并发编程。

（6）跨语言：仓颉语言可以实现与其他多种语言的互通，如在仓颉语言编写的程序中可以调用 C、Python 等语言编写的程序。仓颉可以高效调用其他主流编程语言，实现对其他语言库的复用和兼容。

（7）助力 AI 开发：仓颉提供了原生自动微分支持，可有效助力 AI 应用开发。

当然，仓颉程序设计语言目前还是一门新生的计算机高级编程语言，还处于不断演进和完善过程中，仓颉语言存在诸多优点，当然也会存在一些不足，开发者需要以发展的眼光看待仓颉程序设计语言。

1.3　本书面向的读者

本书旨在介绍仓颉程序设计语言的语法结构、数据类型、程序开发方法和程序组织等。尽管本书可以定位为一本介绍仓颉程序设计语言的基础书，但是本书不是一本介绍程序设计语言的基础书，因此希望读者具有一定的程序设计基础，这样读者可以更容易地学习和理解仓颉程序设计语言。

本书适合具备计算机软件专业基础，并想了解仓颉程序设计语言的特点和基本语言用法的读者，适合将要选用仓颉程序语言作为语言工具进行程序设计的开发者。

本书适合具有一种或多种高级语言基础的读者，如学习过 C、C++、Java、Python、Go 等一种或多种高级编程语言，想快速认识及了解仓颉程序设计语言的读者。

本书并非专门面向没有学习过任何编程基础的读者，这些读者在阅读本书时可能会遇到一定的困难，本书内容不太适用于以仓颉程序设计语言作为入门编程语言的读者。

第2章

第1个仓颉程序

2.1 仓颉 Hello World 程序

在开始介绍一种编程语言时,一般会从 Hello World 程序开始。下面是使用仓颉语言编写的输出"Hello World!"的程序。

首先创建一个文本文件,命名为hello.cj,并通过文本编辑器打开该文件,输入以下代码:

```
//ch02/proj0201/src/hello.cj
/* 文件名: hello.cj
   功能: 输出 Hello World!
   说明: 这是第 1 个仓颉语言程序
*/
main(){
    print("Hello World!\n") //输出 Hello World!
}
```

仓颉程序默认的扩展名是 cj,即 Cangjie 的缩写。

以上代码,位于/*和*/之间的内容为注释,注释是为了方便程序员理解程序,注释内容对程序运行没有影响。

第 1 和 7 行//后面的内容也为注释,在仓颉语言中可以通过/*和*/进行多行注释,通过//进行单行注释。

第 6 行中的 main 是程序入口,是程序的起点,main 在仓颉程序里是一个特殊的函数,也称为 main 函数或主函数,每个用仓颉语言所编写的程序有且只有一个主函数,主函数是仓颉程序执行的入口函数,其后有一对圆括号"()",圆括号内可以有参数,参数可以传递给当前函数,也可以没有参数,这里的主函数没有参数。

位于左花括号"{"和右花括号"}"之间的内容为主函数的函数体,函数体是函数要执行的代码操作。

第 7 行调用了系统内置的 print()函数,该函数是标准输出函数,功能是向屏幕输出需要打印的内容,输出函数参数中双引号中间的内容为输出的字符串内容,其中\n 表示换行,相当于输出键盘上的 Enter 键。

以上代码是一个简单的输出"Hello World!"并换行的仓颉语言源代码程序,仓颉程序编译后,运行从主函数开始,主函数中可以有任意合法的仓颉代码,如定义变量、调用其他函数等,仓颉程序执行后最终会回到主函数结束。

备注: 仓颉语言以 main()函数作为入口函数,这一点和 C/C++语言类似,主函数的定义上和 Go 语言基本相同,但和 Java 不同,Java 要求必须建立一个含有静态 main 方法的主类,因此可以说仓颉语言不是纯粹的面向对象语言。

2.2 编译和运行

编译(Compile)是将用程序语言编写的源程序生成目标程序的过程。编译过程一般由编译器完成,编译器其实也是一个程序,其主要功能是将源代码翻译成目标代码,如 C 语言常用的编译器 GCC、Java 语言编译器 Javac 等。

仓颉语言是编译型语言,通过仓颉语言书写的源程序需要进行编译后才能在操作系统上运行,仓颉语言的专用编译器为 cjc,其名字为 Cangjie Compile 的缩写。

目前,仓颉工具链已适配 Linux 和 Windows 平台,下面首先在 Linux Ubuntu18.04 环境下安装仓颉编译器,并运行第 1 个仓颉程序。

2.2.1 在 Ubuntu 系统下编译运行

首先,在仓颉官网下载相应安装包,这里以 CangJie_0.39.5-linux_x64.tar.gz 为例,当然随着仓颉语言的发展,其版本号会不断变化,由于当前的版本是 0.39.5,所以以此版本为例。这里下载的压缩包放置到了当前用户的主目录/home/ubuntu 下,在 Ubuntu 系统的终端下通过 ls 命令查看,结果如图 2-1 所示。

首先对下载的仓颉安装包进行解压,通过 tar 工具进行解压的具体命令如下:

```
tar -xvf CangJie_0.39.5-linux_x64.tar.gz
```

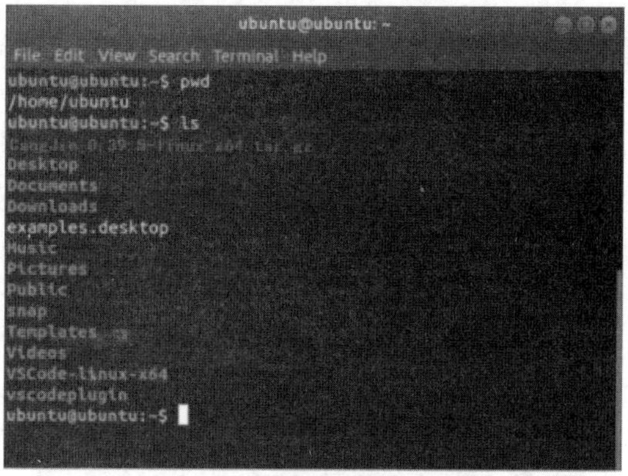

图 2-1 下载的仓颉安装包

　　解压后，会在当前目录下生成一个名称为 cangjie 的目录，仓颉语言的基本库及编译器等都默认存放在该目录下。为了能够使用仓颉语言提供的功能，还需要进行必要的环境配置。仓颉安装包中提供了一个配置环境的脚本文件 envsetup.sh，可以通过 source 命令快速地配置仓颉环境变量，具体命令如下：

```
source cangjie/envsetup.sh
```

　　当环境变量配置成功后，一般情况下仓颉编程环境即完成配置，为了进一步验证仓颉编程环境是否配置成功，可以使用编译器版本查看命令进行验证，具体命令如下：

```
cjc -v
```

　　执行以上命令后，如果出现如图 2-2 所示的版本信息，则说明仓颉编译器安装成功。

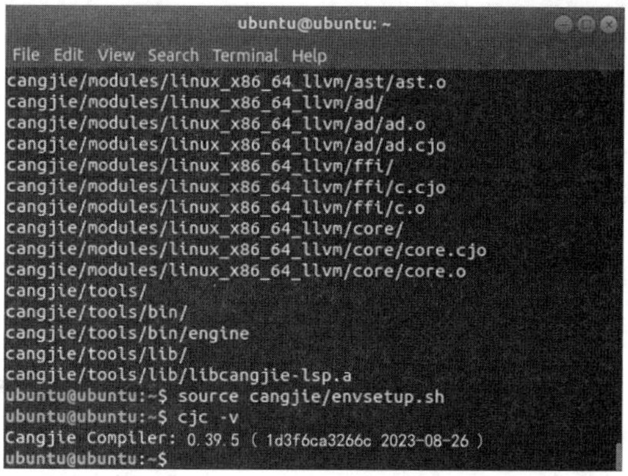

图 2-2 仓颉编译器安装成功

　　接下来，可以在当前目录下创建 hello.cj 文件，并录入 Hello World 程序代码，或复制前面创建的 hello.cj 文件到当前目录。仓颉源代码程序其实就是一个文本文件，其扩展名为仓颉两个字拼音的缩写 cj，创建好仓颉源程序 hello.cj 后，通过下面的命令编译该仓颉程序：

```
cjc hello.cj -o hello
```

这里的 cjc 用于调用仓颉语言的编译器对源程序进行编译，hello.cj 为要编译的仓颉源代码程序，-o 表示输出，hello 表示编译成功后生成的文件名。编译成功后，会在当前目录下生成可执行文件 hello，可以通过 ls 命令可以查看当前目录下的所有文件，接下来可以运行生成的可执行程序，运行方式如下：

```
./hello
```

该程序运行后会输出"Hello World!"，如图 2-3 所示。

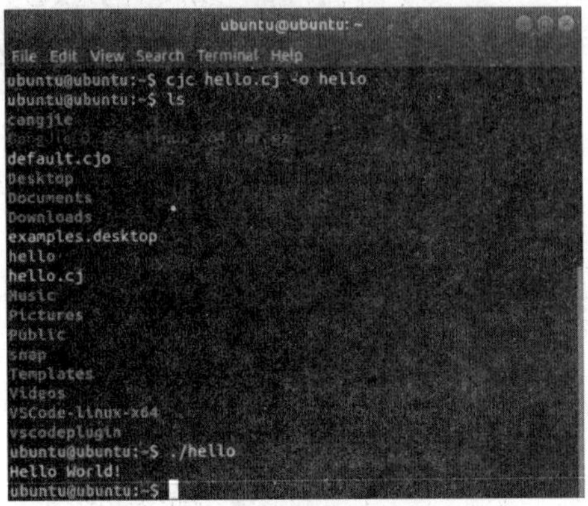

图 2-3　编译运行第 1 个仓颉程序

至此，在 Ubuntu 系统环境下的第 1 个仓颉程序的编写、编译、运行成功了。

备注：仓颉语言是一种编译型语言，程序运行之前需要完成编译，编译后生成可执行文件。这一点和 C/C++相同，但和 Java、Python 不同，Java 程序的运行需要 Java 虚拟机，而 Python 是解释型语言。编译型语言编译后生成的是可以直接执行的代码，所以执行效率相对较高。

2.2.2　在 Windows 10 系统下开发仓颉程序

当前，仓颉语言还不支持在 Windows 环境下直接编译运行，但是可以在 Windows 操作系统上通过一定的配置进行仓颉程序开发。

在 Windows 环境下开发仓颉程序需要虚拟环境的支持，一种方法是直接在 Windows 系统上安装虚拟机管理系统，如 VMware Workstation 等，并在虚拟机管理系统中创建安装 Linux 操作系统环境。如果开发者通过这种方式在 Windows 10 上安装了虚拟机管理系统，并创建安装了 Ubuntu 操作系统环境，则在 Windows 10 环境下开发仓颉程序也就完全变成了在 Ubuntu 环境中编写仓颉程序。

鉴于一些开发者更熟悉在 Windows 环境下编写程序，这里给出采用 Windows 10+WSL 的方式编写和编译仓颉语言程序的方法。

WSL 是 Windows Subsystem for Linux 的简称，是 Windows 为 Linux 提供的一个子系统，是一个在 Windows 10 上能够运行原生 Linux 二进制可执行文件的兼容层，也可以理解为一个轻量级的虚拟机环境。下面具体说明 Windows 10+WSL 环境的配置和开发仓颉程序的过程。

首先，在 Windows 10 环境的开始菜单选择设置进入设置界面，如图 2-4 所示。

图 2-4　Windows 设置

选择"应用"进入，在"应用和功能"下，选择"可选功能"，在"可选功能"界面下方可以看到更多 Windows 功能，如图 2-5 和图 2-6 所示。

图 2-5　应用和功能

图 2-6 可选功能

进入 Windows 功能界面，如图 2-7 所示，找到"适用于 Linux 的 Windows 子系统"选项，勾选后单击"确定"按钮。

由于 Windows 10 默认情况下没有开启 WSL 功能，因此需要以上步骤进行开启。待 Windows 功能已经完成请求的更改后，立即重新启动计算机，如图 2-8 所示。

图 2-7　Windows 功能　　　　　图 2-8　Windows 功能已完成请求的更改

重启计算机后便可进入 cmd 命令行界面，如图 2-9 所示，键入 wsl 命令后会提示尚未安装，可以继续键入 wsl　--list　--online 命令查看可安装的系统列表，如图 2-9 所示，其中包含了

Ubuntu-18.04 系统，通过命令 wsl　--install　-d　Ubuntu-18.04 下载并安装 Ubuntu 系统，此后会进入自动下载并安装过程，如图 2-9 和图 2-10 所示。

图 2-9　安装 Ubuntu

图 2-10　安装 Ubuntu 系统成功

在安装 Ubuntu 虚拟环境的过程中，需要创建一个用户名和密码，所创建的用户名不能是 root 账户，当输入的用户名为 root 时会提示用户名已经存在，因为 root 默认是系统的内置超级管理账户。这里重新键入用户名 laz，并重复输入两次密码后创建该用户。待出现命令行提示符时，说明 Ubuntu 系统已经安装成功，如图 2-11 所示。

图 2-11　进入 Ubuntu 系统　　　　　　　图 2-12　开始菜单中的 Ubuntu 系统启动项

这样，就在 Windows 系统环境下建立了一个 Ubuntu 虚拟环境系统，即适用于 Linux 的 Windows 子系统。该子系统再次使用时，可以在 Windows 的开始菜单中找到并进行启动，该子系统的默认名称为 Ubuntu18.04 LTS，如图 2-12 所示。

为了能够在所安装的 Ubuntu 环境运行仓颉语言程序并能够进行开发，还需要解决必要的相关依赖，可以在终端界面（见图 2-11）中依次运行下面的命令进行相关软件包的安装及必要的配置，执行命令后会从网上自动下载相关的包，并进行自动安装，所需时长也视网络情况而定，开发者需要等待并按照必要的提示确认安装即可。

```
sudo sed -i s@/archive.ubuntu.com/@/mirrors.aliyun.com/@g /etc/apt/sources.list
sudo apt-get update
sudo apt full-upgrade -y
sudo apt autoremove
sudo apt-get install build-essential
sudo apt install libncurses5
sudo apt-get install libgcc-7-dev
sudo apt-get install binutils
sudo ln -s /usr/lib/x86_64-Linux-gnu/libstdc++.so.6 /usr/lib/libstdc++.so
```

如果开发者需要在集成开发环境 Visual Studio Code 中进行开发，则可以通过下面的命令安装该集成开发环境：

```
sudo apt-add-repository -r ppa:Ubuntu-desktop/ubuntu-make
sudo apt update
sudo apt install ubuntu-make
sudo umake ide visual-studio-code
```

执行以上命令时，也可能会出现需要确认的情况，如提示[I Accept (a)/I don't accept (N)]，则输入 a 确认即可。

安装好 Ubuntu 环境后便可以非常方便地访问 Windows 下的文件系统，Windows 的盘符默认挂载在/mnt 目录下，通过 ls 命令可以看到 Windows 的盘符，如图 2-13 所示。

图 2-13　Ubuntu 环境下的 Windows 盘符

至此，WSL 环境已经完全配置成功，可以在 WSL 中很容易地访问 Windows 系统中的文件，接下来配置仓颉开发环境。

首先，从仓颉官网下载相应安装包并解压，然后放置到 Windows 系统的目录中，这里以 Cangjie_0.26.2 为例，解压后放到 Windows 系统的 D 盘 Cangjie_0.26.2 目录下，如图 2-14 所示。

图 2-14　下载的仓颉安装包

在前面的 Ubuntu 环境下解压仓颉安装包，可以首先切换到对应的/mnt/d/Cangjie_0.26.2 目录下，然后执行解压安装命令，如图 2-15 所示。

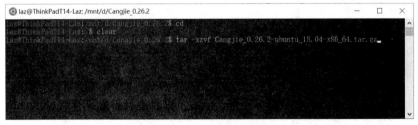

图 2-15　解压仓颉安装包

通过下面的命令进行系统环境变量设置和查看版本，通过查看安装版本命令验证仓颉编译器是否安装成功。

```
source cangjie/envsetup.sh
cjc -v
```

执行以上命令后，如果出现如图 2-16 所示的版本信息，则说明仓颉编译环境配置成功。

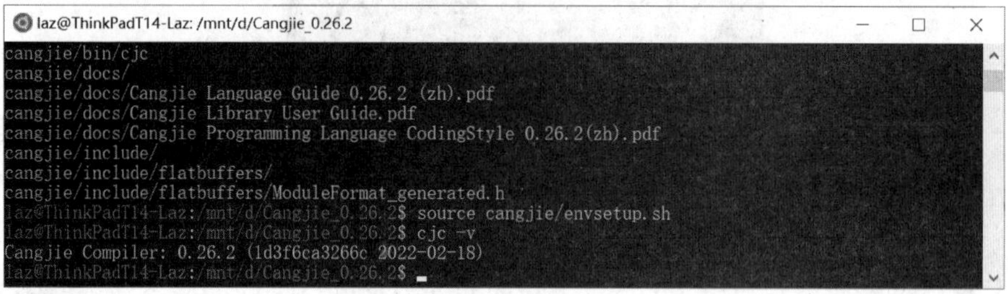

图 2-16　仓颉编译环境配置成功

在如图 2-16 所示的终端下编写仓颉程序和在 Ubuntu 环境下编写一样，前面已经介绍过，这里不再赘述。另外，由于所配置的 Ubuntu 子系统环境可以非常方便地访问 Windows 文件系统中的文件，因此可以在 Windows 下使用任意的文本编辑器编写仓颉程序并保存，通过图 2-16 所示的终端找到对应的源代码，并通过仓颉编译器 cjc 进行编译后即可运行仓颉程序。

为了提高开发效率，在 Windows 10 环境下，还可以通过 Visual Studio Code 进行仓颉程序开发。使用该集成开发环境可以提高开发效率和获得编辑代码提示，在 Windows 10 系统下配置 Visual Studio Code 进行仓颉程序开发的具体步骤如下。

第 1 步，下载并安装 Visual Studio Code，通过官方网址 https://code.visualstudio.com/Download 下载 Windows 系统的相应版本，下载完成后，双击安装文件便可安装。此过程和一般的在 Windows 环境下安装软件的方法相同，按向导安装即可。

第 2 步，解压 Cangjie_VSCode_0.26.2-Windows-x86_64.zip 得到同名文件夹，解压后的文件和文件夹主要如下：

（1）modules 文件夹

（2）LSPServer.exe

（3）Cangjie-lsp-0.26.2.vsix

（4）Cangjie-Format-0.26.2.vsix

（5）Cangjie VS Code Plugin User Guide.pdf（该文件是插件使用说明文档）

为了配置方便，建议把以上前 4 项全部移动到一个相对简单的路径目录中，这里假设为 D:\VSCode，后续以此路径配置。

第 3 步，打开 VS Code 以便安装本地插件，依次单击扩展按钮和更多，选择 Install from VSIX 以便安装插件，如图 2-17 所示。

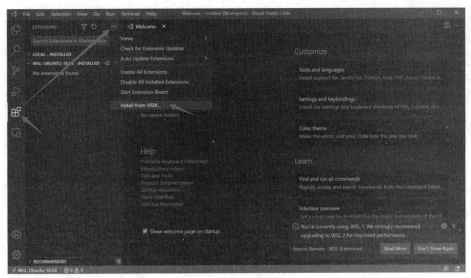

图 2-17　选择安装插件

选择浏览本地，定位到第 2 步解压的文件的位置，选择 Cangjie-lsp-0.26.2.vsix 文件以便安装仓颉插件，如图 2-18 所示，单击 Install 按钮进行安装，同样方法安装 Cangjie-Format-0.26.2.vsix 插件。

图 2-18　确认安装插件

第 4 步，配置服务器端路径，单击 Cangjie 插件右下角的齿轮，选择扩展设置（Extension Settings），在仓颉语言服务路径配置框中输入 LSPServer.exe 所在的绝对路径，这里是 D:\VSCode\LSPServer.exe，如图 2-19 所示。

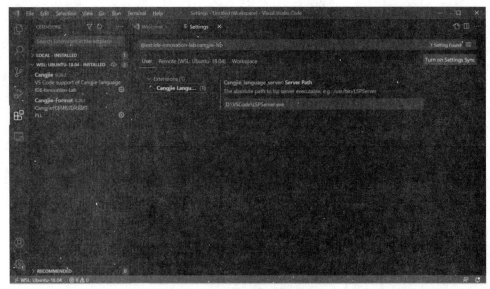

图 2-19　设置仓颉语言服务路径

第 5 步，重启 Visual Studio Code 以便使配置生效。

第 6 步，在 Windows 环境下创建存放仓颉代码的文件夹，这里为 D:\VSCode\mycode，在该文件夹下创建 project 文件夹，并在 project 文件夹下创建 src 文件夹，在 src 文件夹下创建仓颉源代码文件，这里命名为 hello.cj，其中，project 和 src 目录是当前采用 Visual Studio Code 开发仓颉项目的固定目录结构。

第 7 步，通过 Visual Studio Code 打开项目文件夹，如图 2-20 所示。

图 2-20　选择项目文件夹

第 8 步，通过 Visual Studio Code 打开仓颉源文件，进行源代码编写。理论上，在 src 目录下，开发者可以创建任意多的包或源文件进行开发，这里仅对 hello.cj 文件进行编辑，实现了仓颉 Hello World 程序，如图 2-21 所示。Visual Studio Code 集成开发环境为开发者提供了代码着色、补全、查找等多种功能，是很好的集成开发环境，可以大大提高开发效率，当然，针对仓颉语言的支持还在不断完善中。

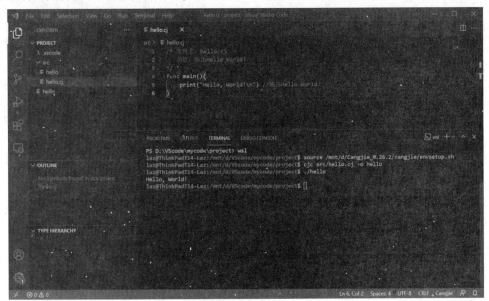

图 2-21　在 Visual Studio Code 中开发仓颉程序

第 9 步，编译运行。通过 Visual Studio Code 编写的仓颉代码需要编译后才能运行，编译方法可以在如图 2-16 所示的终端下通过编译器 cjc 进行编译，也可以通过 Visual Studio Code 集成的终端（Terminal）进行编译，如图 2-21 所示，通过 wsl 命令转换到 Ubuntu 环境中，通过 source 命令配置环境变量，通过 cjc 编译仓颉源程序后便可以在终端中运行编译后的代码。如果终端没有打开，则可以通过 VS Code 的菜单 Terminal 打开终端窗口。

通过以上步骤，可以在 Windows 10 环境下，通过 Visual Studio Code 进行仓颉程序的开发。由于目前仓颉语言编译环境依赖于 Linux，所以不管采用什么方法编写仓颉源代码，最终都需要在 Linux 环境中进行编译和运行。

备注：用仓颉语言编写的程序在本书撰写过程中，还仅支持在 Linux 环境下运行。尽管这里介绍了在 Windows 10 下搭建和开发仓颉程序的方法，但是实际上也是通过配置了 Linux 虚拟环境才可以在 Windows 10 环境下对仓颉程序进行编译和运行。相信仓颉语言未来会支持在更多的操作系统上直接编译和运行。

2.3 仓颉程序包含的元素

为了说明仓颉程序包含的元素，首先给出一个仓颉源程序文件 test.cj，代码如下：

```
//ch02/proj0202/src/test.cj
/* 文件名：test.cj
   功能：求和
*/
main(){
    let  a:Int32 = 10
    var  b:Int32 = 20
    var  c = a + b ; b = 30
    print("c = ${c}\n") //输出c
}
```

一个仓颉程序主要包含以下元素。

1. 主函数

主函数可以称为 main 函数，一个仓颉程序有且仅有一个 main 函数，它是程序运行的入口函数，也是程序运行的结束函数。在主函数中可以调用其他代码，其他代码还可以继续调用别的代码，但是不管调用有多深，最终还是要返回主函数结束运行的程序。

2. 常量

常量是程序中不变量的量，也可以称为字面量，如上例中的 10、20 都是常量，这些数值常量的默认形式为十进制。

3. 变量

变量是由程序定义的值可以改变的量，如上例中的 a、b、c。变量有时也会被关键字限制改变其值，如上例中的 a 采用了 let 关键字修饰，a 虽然是一个变量，但是其不能被再次赋值。

4. 运算符

运算符是程序中进行运算功能的符号，如上例中的加号"+"、等号"="，+表示把两个量相加，=表示把右边的值赋给左边。仓颉提供了大量的运算符，可以完成常见的算术、关系、逻辑等基本运算。

5. 关键字

关键字是仓颉语言固定了特定含义的一些单词或单词缩写，如上例中关键字 func 表示定义函数，关键字 var 表示定义变量。

6. 语句

语句是程序中执行的一个操作或表达式，仓颉语言中一般一行表示一个语句。当一行表示一个语句时，其后面可以有分号，也可以省略分号。如果在同一行想书写多个语句，则可以通

过 ";" 符号分隔。

7. 分隔符

分隔符主要是为了分隔不同的单元或部分，如上例中的左右花括号，即{和}，它们界定了主函数的函数体边界。

8. 函数

函数是一个功能模块，在程序中有具体的名称，可以方便和其他模块区分及被调用，如上例中的 main 函数，另外上例中还调用了系统函数 print()。

9. 注释

注释主要为了使程序更容易被理解，而在程序中书写的说明部分，注释对程序本身的运行没有作用。仓颉程序中位于/*和*/之间的内容为注释，一行中位于//后面的内容也为注释。

当然，仓颉语言代码中包含的元素不限于上面提到的内容，更多语言元素会随着学习的深入不断展开介绍，这里只是说明了基本的几种元素。

备注：语句上，仓颉和 Python 类似，一般一行为一个语句，也可以通过分号把多个语句放到一行中，而 C/C++/Java 语言要求每个语句后面都必须有分号。仓颉允许左花括号单独成行，这一点和 Go 语言不同。注释上，仓颉和 C/C++/Java 语言相同，但和 Python 不同，Python 使用#号进行单行注释，对于多行注释 Python 使用 3 个连续的单引号或者 3 个连续的双引号。

第3章

基本类型和运算符

3.1 常量和变量

3.1.1 常量

常量是程序中表示固定值的量，在仓颉程序中常量包括数值常量、布尔常量、字符常量、字符串常量，数值常量又包括整型常量和浮点型常量。

1. 数值常量

1）整型数值常量

整型数值常量可以直接使用数字表示，如 10、–20 等。整型数值常量一般使用十进制表示，默认情况下即为十进制。仓颉支持整数类型常量采用二进制、八进制、十进制和十六进制 4 种进制表示形式。

二进制以 0b 或 0B 为前缀，如 0b101 或 0B101 都表示二进制的数值常量，对应的十进制数值是 5。

八进制以 0o 或 0O 为前缀，如 0o207 或 0O207 都表示八进制的数值常量，对应的十进制数值是 135。

十进制没有前缀，这一点和日常表示数值比较一致，如 128 就表示十进制数一百二十八。

十六进制以 0x 或 0X 为前缀，如 0xFF 或 0XFF 都表示十六进制的数值常量，对应的十进制数值是 255。

在整型常量各种进制的表示中，可以使用下画线 _ 充当分隔符，以方便识别数值的位数，如二进制表示 0b0001_1000 等价于 0b00011000，前者看上去更清晰，特别是数值位数较多时，使用下画线分隔符非常有益。分隔符可以隔开任意位数，如 600_123 和 60_0123 都表示十进制数 600123。但是分隔符不能位于数字的最前方，如用_123 表示十进制常数 123 是错误的。

2）浮点型数值常量

程序中，实数常用浮点型表示。在仓颉程序中，浮点型常量在进制上支持两种，即十进制和十六进制，在表示形式上支持小数表示和指数表示。

在十进制小数形式表示中，一个浮点型常量要包含小数部分，采用小数形式表示时，浮点型常量中的小数点不能省略，示例代码如下：

```
3.14          //十进制小数
0.314
.314          //等价于 0.314，小数点前面的 0 可以省略
314.          //小数点不能省略，如果省略，则认为是整数 314
-0.314        //负数
-.314         //等价于-0.314
-314.0        //负数，后面的.0 不能省略，否则会认为是整型数值
```

在十进制指数形式中，浮点型数值常量包含两部分，即小数部分和指数部分，前者为一个十进制浮点数，此时的小数点可以省略，指数部分以 e 或 E 为前缀表示底数为 10，以一个整数为后缀表示指数，示例代码如下：

```
2e3           //十进制指数表示法，值为 2 乘以 10 的 3 次方
2.6e-1        //十进制指数表示法，值为 2.6 乘以 10 的-1 次方
-.3e-2        //十进制指数表示法，值为-0.3 乘以 10 的-2 次方
-.3E-2        //十进制指数表示法，值为-0.3 乘以 10 的-2 次方
1e2           //表示 1 乘以 10 的 2 次方
e2            //错误，小数部分不能省略
1e1           //表示 1 乘以 10 的 1 次方
1e            //错误，指数部分不能省略
1e1.0         //错误，指数部分必须为整数
```

在十六进制情况下，浮点型常量必须以指数形式表示，表示仍然包含小数部分和指数部分。小数部分以 0x 或 0X 为前缀，表示是十六进制。指数部分不能省略，并且指数部分以 p 或 P 做前缀表示底数为 2，p 或 P 后面的整数表示幂。十六进制表示的浮点型常量中，仅小数部分为十六进制，指数部分仍然是十进制，示例代码如下：

```
0x1.1p0       //十六进制 1.1 乘以十进制数 2 的 0 次方，值为十进制 1.0625
0xap2         //十六进制 a 乘以十进制 2 的 2 次方
0x.2P4        //十六进制 0.2 乘以十进制 2 的 4 次方
0x1p2         //十六进制 1 乘以十进制 2 的 2 次方
0xp2          //错误，小数部分不能省略
0x2p0x2       //错误，指数不能是十六进制
```

2. 布尔常量

布尔类型的常量只有两个，一个是 true，另一个是 false。true 表示真，false 表示假，布尔

类型一般用于逻辑判断。

3. 字符常量

字符常量是程序中的一个字符，仓颉字符常量有 3 种形式，分别是单个字符、转义字符和通用字符。字符常量的表示方法是单引号引起来的一个字符。

单个普通字符通过单引号引起来表示一个字符常量，如'a'和'n'等。

对于一些特殊含义的字符，则需要用转义字符进行说明，如“\n”表示换行字符，“\t”表示 Tab 字符，“\'”表示一个单引号字符。

通用字符是以\u 开头说明的字符，在其后面为一对花括号，花括号中间为 1~8 位十六进制数，该数的值对应字符的 Unicode 编码，Unicode 编码是一种全球统一的字符编码，各国各种语言的每个字符都对应一个唯一编码。例如“\u{9889}”表示汉字“颉”。

4. 字符串常量

字符串常量最普遍的形式是用双引号引起来的多个字符，如"Hello World!"。在仓颉语言中，字符串常量分为单行字符串、多行字符串、多行原始字符串。

单行字符串常量的内容在一对双引号之内，双引号中的内容可以是任意个字符，在程序中，单行字符串常量只能写在同一行，不能跨越多行，如果字符串中有特殊字符，则可以使用转义字符说明，示例代码如下：

```
"Hello Cangjie Lang"
"\"Hello Cangjie Lang\""
"Hello Cangjie Lang\n"
```

多行字符串常量以 3 个双引号开头，并以 3 个双引号结尾。开头的 3 个双引号单独占用一行，所以需要换行，否则会出现编译错误。字符串的内容从开头的 3 个双引号的下一行的第 1 个字符开始，到结尾的三个双引号之前的一个字符为止，之间的内容可以是任意数量的字符，如果字符串中包含特殊字符，也可以使用转义符说明，和单行字符串不同的是多行字符串可以跨越多行，示例代码如下：

```
"""
Hello
 Cangjie Language"""

"""
\"Hello\n Cangjie Language\""""
```

多行原始字符串可以使字符串保持在代码中的原始样子，它以一个或多个井号（#）加上一个双引号开始，以一个双引号加上和开始位置相同个数的井号（#）结束。在输出多行原始字符串时，它的内容会保持原样，转义字符在多行原始字符串中不起作用，同样保持原样，示例代码如下：

```
#"
\\Please select 1 or 2,then press Enter\\
 1. input
 2. output"#
```

上面示例多行字符串中的\\在输出时会原样输出,输出的是两个\\,而不是一个。

3.1.2 变量

变量顾名思义是可变的量,变量在程序中一般用来存放可变的数据。变量具有变量名、变量类型、变量值。变量名是程序定义的可以赋值的标识符,变量类型限定了变量中存储的值的类型,变量值则是变量中存储的当前内容。

在仓颉语言中定义变量的一般形式如下:

修饰词 变量名:类型 = 初始值

仓颉语言是强类型语言,要求定义变量时必须确定变量的类型,但是在仓颉语言中允许类型自动推定,如果可以确定给定的初始值类型,则定义变量时可以省略类型,此时定义变量的基本格式如下:

修饰词 变量名 = 初始值

变量定义时一般需要初始化,即赋初始值,但是也允许在变量定义时不赋初始值,此时定义变量的基本格式如下:

修饰词 变量名:类型

在变量定义中可以使用修饰词 let 或 var,采用 let 定义的变量初始化后,其值不能再改写,因此也可以称为不可变变量。通过 var 修饰的变量,可以在程序中随时改变变量的值。

备注:let 可以理解成“假设”“让”,let 修饰的变量初始化后不能再改变。实际上仓颉语言中的变量不必在定义变量时进行初始化,作为局部 let 变量,第 1 次赋值即为初始化。var 是英文单词 variable 的缩写,即变量,采用 var 修饰的变量可以随时改变值。

变量名必须是仓颉语言的合法标识符,标识符在仓颉语言中又分为普通标识符和原始标识符。普通标识符是除了仓颉关键字以外的,由字母开头,后接任意长度的字母、数字或下画线组合而成的连续字符。普通标识符也可以用若干下画线开头,后接 1 个以字母,再接任意多个字母、数字或下画线。原始标识符是在普通标识符的外面加上一对反引号(`),反引号内的内容允许和仓颉关键字重复。原始标识符主要用在需要将仓颉关键字作为标识符使用的场景,一般情况下不使用原始标识符,示例代码如下:

```
name            //合法
Name            //合法,大小写敏感,name 和 Name 是两个不同的标识符
s_name          //合法
s_name_1        //合法
```

```
`for`                    //合法，原始标识符

6age                     //不合法，不能以数字开头
_6age                    //不合法，下画线后必须跟字母
```

初始值是在定义变量时变量所获得的一个值，采用 let 定义变量时，一般在定义时直接进行变量初始化。

下面是几个定义变量的例子：

```
//ch03/proj0301/src/test.cj
main() {
    let x: Int64 = 6                //定义不可变变量 x，64 位整型，赋值为 6
    var y: Float64 = 3.6            //定义变量 y，64 位浮点类型，赋值为 3.6
    let b: Bool                     //定义布尔变量 b
    b = true                        //变量 b 的初始化值为 true，第一次赋值即用初始化值

    var first_name: String          //定义字符串变量 first_name
    first_name = "zhang"            //将变量 first_name 赋值为 zhang
    var age = 18                    //自动将 age 推定为 Int64 类型
    var `for` = "for是循环关键字"    //原始标识符

    var your name = "zhang"         //错误，标识符名中间不能有空格
    var _name = "zhang"             //错误，标识符名中的下画线不能是第 1 个字符
    var 6name = "zhang"             //错误，标识符名中的数字不能是第 1 个字符
}
```

另外，变量定义中的类型可以是仓颉语言的内置类型，也可以是用户自定义类型，自定义类型将在后续内容中具体说明。

3.2 数据类型

数据类型可以帮助程序员在给定范围内更好地使用数据，仓颉语言支持的基本数据类型有整数类型、浮点类型、布尔类型、字符类型、字符串类型、元组类型、区间类型、Unit 类型、Nothing 类型。

1. 整数类型

整数类型所能表示的数值范围是数学中整数的子集，仓颉语言中的整数类型又分为有符号（Signed）整数类型和无符号（Unsigned）整数类型。

有符号整数类型包括的类型名称有 Int8、Int16、Int32、Int64 和 IntNative，这些类型名称中的数字表示对应类型量所占的内存位数，如 Int32 表示占用 32 位的整数类型，这里的位数是指二进制位，每位是 1bit。IntNative 表示和平台相关的有符号整数值的类型。

无符号整数类型包括 UInt8、UInt16、UInt32、UInt64 和 UIntNative。无符号整数类型主要用于表示正整数。

由于不同的类型所占内存空间的大小不尽相同，因此它们能表示的整数的范围也不同。表 3-1 给出了不同的整数类型表示的整数范围。

表 3-1　整数类型表示的整数范围

类　　型	表示的整数范围
Int8	$-128\sim127$，即$-2^7\sim2^7-1$
Int16	$-32\,768\sim32\,767$，即$-2^{15}\sim2^{15}-1$
Int32	$-2\,147\,483\,648\sim2\,147\,483\,647$，即$-2^{31}\sim2^{31}-1$
Int64	$-9\,223\,372\,036\,854\,775\,808\sim9\,223\,372\,036\,854\,775\,807$，即$-2^{63}\sim2^{63}-1$
IntNative	与平台相关
UInt8	$0\sim255$，即$0\sim2^8-1$
UInt16	$0\sim65\,535$，即$0\sim2^{16}-1$
UInt32	$0\sim4\,294\,967\,295$，即$0\sim2^{32}-1$
UInt64	$0\sim18\,446\,744\,073\,709\,551\,615$，即$0\sim2^{64}-1$
UIntNative	与平台相关

在开发仓颉程序过程中，选择什么数据类型一般取决于解决问题需要的数据范围。仓颉语言在没有类型显式说明的情况下，默认将整数推断为 Int64 类型，Int64 类型是所有整数类型中占用空间最大的类型，其表示范围也是最大的。使用 Int64 整数类型可以避免不必要的类型转换，同时提供更大的运算空间。

备注：Int 是 Integer 的缩写，即整型。仓颉提供的整数类型中可以通过类型名看出数据存储的空间大小，如 Int64 表示整型数，采用 64 位存储，即采用 8 字节存储。但仓颉的整数类型不是一种类型，如 Int32 和 Int64 是两种不同的类型，如果它们之间进行运算，则仍然需要转换。

2. 浮点类型

浮点类型所能表示的数值是数学中实数的子集，仓颉语言中的浮点类型包括 Float16、Float32 和 Float64。Float16 用 16 位表示一个浮点数，Float32 用 32 位表示一个浮点数，Float64 用 64 位表示一个浮点数。Float32 和 Float64 分别对应 IEEE 754 标准中的单精度和双精度格式。浮点类型表示的数值范围如表 3-2 所示。

表 3-2　浮点类型表示的数值范围

类　　型	表示的数值范围
Float32	$-3.40\times10^{38}\sim+3.40\times10^{38}$，注意，并不能精确表示范围内的所有实数
Float64	$-1.79\times10^{308}\sim+1.79\times10^{308}$，注意，并不能精确表示范围内的所有实数

Float32 表示的数字精度对应十进制一般为小数点后 6 位，Float64 的精度约为小数点后 15

位。尽管浮点类型具有表示范围，但其并不能完全精确地表示其范围内的所有实数，实际上绝大部分数学中的实数不能被浮点数精确地表示。开发中可以根据精度和范围的需要，选择合适的浮点类型进行数据表示，但也要注意计算过程中可能会出现误差叠加。为了更加精确，开发中首选精度和范围都更高的 Float64 类型，但和 Float32 类型相比会消耗更多存储空间。

3. 布尔类型

布尔类型使用 Bool 表示，用来表示逻辑中的真和假，真即 true，假即 false。

4. 字符类型

字符用于表示单个字符，字符类型使用 Char 表示。仓颉语言中字符采用的是 Unicode 编码，一个字符占用两字节，Char 类型可以表示 Unicode 字符集中的所有字符。

5. 字符串类型

字符串是由若干字符构成的一串字符，字符串中字符的个数可以是 0 个或多个，当为 0 个时表示为空字符串。字符串类型使用 String 表示，字符串常用来表示文本数据，如姓名等。

6. 元组类型

元组（Tuple）是将多种类型组合在一起而构成的一种新类型，元组类似于向量，元组中各个分量的类型可以一样，也可以不一样，元组类型使用（Type1, Type2,..., TypeN）表示，其中 Type1 到 TypeN 可以是任意类型。元组至少包含两个元素，每个元素可以对应一种类型，具有两个元素的元组称为二元元组，如（Int32, Float64）表示一个二元元组类型。具有 3 个元素的元组称为三元元组，如（String, Int32, Float64）表示一个三元元组类型。具有 3 个以上元素的元组则可以统一称为多元元组。

元组类型是不可变类型，即一旦定义了一个元组，它的内容只能被读取，不能被改写。元组常量采用小括号括起来的多个分量表示，分量之间用逗号分隔。访问元组的分量采用中括号加下标的形式。

通过元组定义的元组变量是引用类型，它可以引用不同的元组常量，但是不能通过它修改所引用的元组元素内容。

示例代码如下：

```
//ch03/proj0302/src/test.cj
main() {
    var X: (String, Int32) = ("张三", 18)      //定义元组变量X并初始化
    var f:Bool = false                         //定义f
    var Y = (f, true)                          //省略了类型说明,可以推定为（Bool,Bool）
    println(X[0])                              //输出张三
    f = true
    println(Y[0])                              //输出false, f的值变了,但元组分量没变
    X[1] = 19                                  //错误,元组元素不可写
    X = ("李四", 19)                           //X可以引用新的元组
```

```
    println(X[0])                        //输出李四
    println(Y[2])                        //错误，下标 2 越界
}
```

7. 区间类型

区间表示一个范围，仓颉的区间类型用于表示指定范围内拥有固定步长的整数序列。区间类型本质上是泛型类 Range<T>，当 T 被具体化为不同的整数类型时，会得到不同的区间类型，常用 Range<Int64>表示整数区间。

每个区间类型的实例都会包含 start、end 和 step 3 个值，其中，start 和 end 分别表示区间序列的起始值和结束值，step 表示序列中相邻两个元素之间的差值，即步长。start 和 end 的类型要求相同，即 T 被具体化的类型，step 的类型是 Int64 类型。

区间有两种形式，分别是左闭右开和左闭右闭。左闭右开区间的表示格式如下：

```
start..end:step
```

表示一个从 start 开始，以 step 为步长，到 end（不包含 end）为止的所有的整数序列。左闭右闭区间的表示格式如下：

```
start..=end:step
```

表示一个从 start 开始，以 step 为步长，到 end（包含 end）为止的所有的整数序列，示例代码如下：

```
let n = 10
let r1 = 0..10:1        //r1 为左闭右开区间，包括 0、1、2、3、4、5、6、7、8、9
let r2 = 0..=n:1        //r2 为左闭右闭区间，包括 0、1、2、3、4、5、6、7、8、9、10
let r3 = n..0:-2        //r3 包括 10、8、6、4、2
let r4 = n..=0:-2       //r4 包括 10、8、6、4、2、0
let r5 = n..0:-3        //r5 包括 10、7、4、1
let r6 = n..=0:-3       //r6 包括 10、7、4、1，尽管有=号，但是根据步长到不了 0
```

需要注意，step 的值不能为 0，当 step 为 1 时，可以省略。另外，区间也可以是空区间，即不包含任何元素的空序列，示例代码如下：

```
let r7 = 0..6          //默认步长为1，包含 0、1、2、3、4、5
let r8 = 0..10:0       //错误，步长不能是 0
let r9 = 10..0:1       //空区间
let r10 = 0..=10:-1    //空区间
let r11 = 0..=10:15    //非空区间，r11 只包含 0
let r12 = 0..=0:-1     //非空区间，r12 只包含 0
```

8. Unit 类型

Unit 是仓颉语言中定义的一种特殊类型，可以翻译成单元类型，一般直接说成 Unit 类型。Unit 类型主要应用于只关心表达式的运算作用，而不关心值的表达式。例如，print 函数、赋值表达式、复合赋值表达式、自增和自减表达式、循环表达式等，一般不需要使用它们的返回结

果，而只是关心它们的执行过程，因此它们的类型都是 Unit 类型。

Unit 类型只有一个值，其值规定为( )。Unit 类型量支持赋值、判断相等和判断不等，除此之外，Unit 类型不支持其他操作，示例代码如下：

```
let u1 = ()                //定义 u1，并赋值
var u2:Unit                //定义 u2
u2 = u1                    //将 u2 赋值为 u1
u2 = println("good")       //u2 值为 ( )
```

9. Nothing 类型

Nothing 是仓颉语言定义的一种特殊的类型，可以翻译成空类型，一般直接说成 Nothing 类型。Nothing 类型不包含任何值，Nothing 类型是所有类型的子类型。break、continue、return 和 throw 表达式的类型是 Nothing，程序执行到这些表达式时，它们之后的代码将不会被执行。

需要注意的是，目前仓颉编译器还不允许在使用类型时显式地使用 Nothing 类型。

备注：仓颉是一种强类型语言，要求所有的数据都要有确定的类型，并且类型确定后不能改变，但类型可以转换。C/C++、Java、Go 都是强类型语言，也需要在定义变量时确定类型。Python 语言则不同，变量标识符可以被赋值为不同的类型。仓颉语言采用了类型推定原则，在编译器可以推定类型时，可以省略显式的类型说明。

3.3 运算符

运算符是仓颉语言定义的用于执行特定的数学或逻辑等操作的符号。仓颉语言内置了丰富的运算符，这些运算符按类别可分为算术运算符、关系运算符、逻辑运算符等。

3.3.1 算术运算符

算术运算符一般用于算术运算，仓颉语言中算术操作符包括负号（-）、加法（+）、减法（-）、乘法（*）、除法（/）、取模（%）、幂运算（**），其中负号为一元运算符，即只需一个操作数，其他均为二元运算符，需要两个操作数。二元算术运算符在不进行重载的情况下，要求左右操作数具有相同的数值类型，示例代码如下：

```
var a:Int32 = 100
var b:Int32 = 2
var c:Int64 = 600
var r:Int32
var f:Float32
r = a+b            //r 的值为 102
r = -a-b           //r 的值为 -102
r = a/b            //r 的值为 50
r = b/a            //r 的值为 0，整数相除表示整除
```

```
f = 3.6/3.0        //f 的值为 1.2
r = a*b            //r 的值为 200
r = 100%3          //r 的值为 1, 100 除以 3 的余数为 1
r = a**b;          //r 的值为 10000

r = a+c            //错误, a 和 c 类型不一致
f = 3.6/3          //错误, 3.6 和 3 类型不一致
r = b**a           //错误, 结果溢出
```

备注: 仓颉语言提供的数值类型较多, 不同的数值类型在程序中被认为是不同的类型, 如 Int32 和 Int64 是不同的类型, 所以不能直接进行算术运算。当然, 开发者可以对算术运算符进行重载, 这样可以使算术运算符进行更多的运算。

3.3.2　关系运算符

关系运算符主要用于比较量的大小, 仓颉语言中关系运算符包括小于（<）、大于（>）、小于或等于（<=）、大于或等于（>=）、相等（==）、不等（!=）。关系运算符要求左右操作数是相同的数据类型, 关系运算的结果是 Bool 类型, 如果被比较的两个量关系成立, 则关系表达式的结果为 true, 否则结果为 false。

对于数值类型, 可以进行比较大小、等或不等, 对于一些其他类型有的只能进行相等或不等比较, 示例代码如下:

```
//ch03/proj0303/src/test.cj
main() {
    var a: Int32 = 100
    var b: Int32 = 2
    var t1: Bool
    var t2: Bool
    t1 = a >= b                //t1 的值为 true
    t2 = false                 //t2 的值为 false
    if (t1 == t2) {            //判断 t1 和 t2 是否相等, t1==t2 的值为 false
        println("t1 和 t2 相等")
    } else {
        println("t1 和 t2 不相等")
    }
    let r1 = 'b' > 'a'         //字符可以比较大小, 即比较 Unicode 编码值
    let r2 = '你' > '我'        //字符可以比较大小, 即比较 Unicode 编码值
    let r3 = "ab" > "aa"       //字符串可以比较大小, 比较从左起第 1 个不同的字符的大小
    let r4 = t1 == t2          //r4 的值为 false

    let r5 = t1 > t2           //错误, Bool 类型不能比较大小
    let r6 = 100< 206.6        //错误, 不同类型不能比较大小
}
```

3.3.3　逻辑运算符

逻辑运算符可以进行真或假逻辑运算，常用于判断复合条件的真假。逻辑运算符包括逻辑非（!）、逻辑与（&&）、逻辑或（||），逻辑运算符的运算对象是 Bool 类型的逻辑值。逻辑非是单目运算符，逻辑与和逻辑或是双目运算符。

逻辑非表示对逻辑值进行取反运算，即真取反后为假，假取反后为真。

逻辑与是当参与运算的对象都为真时，运算结果为真，否则运算结果为假。

逻辑或是当参与运算的对象有一个为真时，运算结果为真，否则运算结果为假。

示例代码如下：

```
//ch03/proj0304/src/test.cj
main() {
    var a: Int32 = 70
    var b: Int32 = 2
    var t1: Bool
    var t2: Bool
    var t3: Bool
    t1 = a > b                      //t1 为 true
    t2 = !t1                        //t2 为 false
    t3 = t1 && t2                   //t3 为 false
    t3 = t1 || t2                   //t3 为 true
    if (a % 5 == 0 && a % 7 == 0) { //判断 5 和 7 的公倍数
        println("a 是 5 和 7 的公倍数")
    }
}
```

3.3.4　其他运算符

1. 自增自减运算符

自增运算符为++，其功能是对运算对象自增 1；自减运算符为--，其功能是对运算对象自减 1。在仓颉语言中自增自减运算符只能用在运算对象的后面，即后增或后减，没有前增和前减运算符。自增和自减的运算结果是 Unit 类型，因此一般自增和自减都是独立的表达式，而不用于其他表达式中，示例代码如下：

```
var x:Int32 = 1
var y:Int32
x++             //x 自加 1
--x             //错误，仓颉语言中不存在前置自减运算符
y = x++         //错误，Unit 类不能为 Int32 类型赋值
```

2. 位运算符

位运算是按照二进制位对运算对象进行运算的，仓颉语言支持的位运算符有按位左移（<<）、

按位右移（>>）、按位与（&）、按位异或（^）、按位或（|）。这些位运算符均为双目运算符，示例代码如下：

```
//ch03/proj0305/src/test.cj
main() {
    var x: Int32 = 5      //5 对应二进制 0101，左侧高位省略 28 个 0
    var y: Int32 = 15     //15 对应二进制 1111，左侧高位省略 28 个 0
    var z: Int32
    x = x << 2            //左移两位，右侧补 0，高位舍弃，得到 010100，对应十进制 20
    y = y >> 1            //右移 1 位，左侧补 0，右侧舍弃，得到 0111，对应十进制 7
    z = x & y             //z 二进制为 00100，对应十进制为 4
    z = x ^ y             //z 二进制为 10011，对应十进制为 19
    z = x | y             //z 二进制为 10111，对应十进制为 23
    println(z)            //输出 z 为 23
    z >> 2                //表达式的值是 5，位运算符不改变运算对象的值
    println(z)            //输出 z 仍然为 23
}
```

3. 赋值运算符

赋值运算的功能是将运算符右侧的值赋给左侧，赋值运算符用=表示，基本用法如下：

变量 = 表达式

赋值运算符可以和算术运算符、关系运算符、位运算符等双目运算符组合成复合赋值运算符，复合赋值运算符包括**=、*=、/=、%=、+=、-=、<<=、>>=、&=、^=、|=、&&=、||=。它们的用法均为如下格式：

变量 复合赋值运算符 表达式

等价于

变量 = 变量 复合赋值运算符 （表达式）

示例代码如下：

```
var x:Int32 = 6
var y:Int32 = 9
var z:Int32
z = x                    //赋值运算符的基本用法
z **= 2                  //等价于 z=z**2，即 z 的 2 次方
z *= y                   //等价于 z=z*y
z /= y                   //等价于 z=z/y
z += x*y                 //等价于 z=z+x*y
z *= x-y                 //等价于 z=z*(x-y)
```

4. 类型判断运算符

在开发过程中，经常会进行类型判断，仓颉语言的类型判断运算符为 is，其基本格式如下：

表达式 is 类型

类型判断运算表达式的返回结果为 Bool 类型，即结果为 true 或 false。实践中常根据类型做出相应的处理，示例代码如下：

```
var x = 6            //默认整数是 Int64 类型
if(x is Int32)       //is 表达式返回的是 Bool 类型，这里返回的值是 false
{
    //进行相应处理
}
```

5. 更多运算符

除了前面介绍的运算符外，仓颉语言还支持一些别的运算符，如成员运算符（.）、问号（?）运算符等。运算符是伴随着数据和数据类型进行运算的，开发者可以在后续的学习中掌握更多的运算符。

另外，仓颉语言支持运算符重载，通过重载可以扩展现有运算符的运算能力，使运算符支持更多数据类型和运算功能。

第4章

基本输入/输出和控制结构

4.1 基本输出函数

仓颉语言的基本输出是通过函数实现的，在仓颉语言的基本库中，提供了两个基本的输出函数：println()和 print()。

1. println()

println()函数可以输出基本类型及可以转换成字符串的数据,该函数将内容输出到标准输出设备后换行，示例代码如下：

```
//ch04/proj0401/src/main.cj
main() {
    var x = 6
    var b: Bool = true
    println(123)                    //输出 123
    println("您好")                 //输出您好
    println(x)                      //输出 6
    println(b)                      //输出 true
    println("x 的值是${x}")         //输出 x 的值是 6
    var s = ##"
Please select 1 or 2
  1. input
  2. output"##
    println(s)                      //原样输出 s 的内容
}
```

2. print()

print()函数同样可以输出基本类型及可以转换成字符串的数据,和 println()函数唯一不同的是，它输出内容后不进行换行，示例代码如下：

```
//ch04/proj0402/src/main.cj
main() {
    var x = 6
    var b: Bool = true
    print(123)                    //输出 123
    print("您好\n")               //接着上一行输出您好后换行，\n 表示换行
    print(x)                      //输出 6
    print(b)                      //接着上一行输出 true
    print("\nx 的值是${x}")        //换行输出 x 的值是 6
}
```

print()函数实际上有两个参数，第 1 个参数是输出的内容，第 2 个参数是 Bool 类型的 true 或 false，默认值为 false。true 和 false 表示是否清空缓存，true 表示清空，false 表示不清空。当需要及时输出时，可以将第 2 个参数设置为 true，示例代码如下：

```
var log = "Time:16:23:36    Type: error    Grade: high"
print(s,true)                     //输出 s，清空缓存
```

一般情况下，不需要为输出函数传递第 2 个参数，而采用默认的 false 值，即不立即清空缓存，这样可以减少访问终端的频次。但是在需要及时查看输出信息的场景下，则需要将第 2 个参数设置为 true。

备注：仓颉语言在基本的输出上采用了函数方式，采用的是面向过程编程的基本方式，此方式简单高效。同时，仓颉语言也提供了面向对象的终端输出方式。

4.2 终端输入/输出

仓颉程序中终端的基本输入/输出可以通过 Console 类实现，Console 类可以翻译成终端类，是仓颉语言提供的基本 IO 库中的一个类。该类提供了 3 个基本输入方法，分别是 read()、readln()、readAll()，同时该类还提供了输出方法 write()和 writeln()，这两个输出方法用于进行终端输出。默认的输出终端是显示器，默认的输入终端是键盘。使用 Console 类需要导入相应的包，导入包的语句如下：

```
from  std  import  console.Console
```

如果要导入所有的 IO 包中的类，则可以使用*通配符，具体的导入语句如下：

```
from  std  import  console.*
```

备注：在进行终端输入/输出时，程序中 Console 是终端的抽象，默认的输入终端为键盘，默认的输出终端为显示器。

4.2.1　终端输入

1. read()

Console 类提供的 read()方法用于从终端（默认为键盘）读入一个字符，但是，read()方法返回的类型不是 Char 类型，而是 Option<Char>类型，如果要获得输入的具体字符，则可以通过 getOrThrow()方法获得，示例代码如下：

```
//ch04/proj0403/src/main.cj
from std import console.Console
main() {
    var c : Option<Char> = Console.stdIn.read()        //输入一个字符
    var t = c.getOrThrow()                    //获得字符
    print(t)                            //输出 t
    return
}
```

调用 read()方法，终端等待输入信息，正确读取字符后返回 Option<Char>，否则返回 Option<Char>.None。

> **备注**：Option<Char>是一个泛型类型，Char 是其类型参数，详见泛型。

每次调用 read()方法时都会从终端读取一个字符，多次调用 read()方式时，会按照调用次序，依次读取输入的字符并返回。所有的键盘输入都会作为输入字符的原样被读取，包括换行符、转义字符、控制字符等。

2. readln()

Console 类提供的 readln()方法用于从终端（默认为键盘）输入一行字符串，输入返回的类型是 Option<String>类型，获得输入的字符串可以通过 getOrThrow()方法获得，示例代码如下：

```
//ch04/proj0404/src/main.cj
from std import console.Console
main() {
    var s = Console. stdInreadln()             //输入一个字符串
    var t = s.getOrThrow()                 //获得字符串
    print(t)                            //输出 t
    return
}
```

调用 readln()方法，终端等待输入信息，以按 Enter 键结束，正确读取字符串后返回 Option<String>，否则返回 Option<String>.None。

当多次调用 readln()方法时，按照调用次序将输入的字符串返回，每次输入以按 Enter 键为结束标识。同样，需要转义的字符或控制字符在输入时不用输入转义符号，直接输入即可。

3. readAll()

Console 类提供的 readAll()顾名思义用于读取所有内容，一般用于大量数据连续输入的情景，可以输入多行数据。在终端输入时，所有的键盘输入都会作为输入字符的原样被读取，包括换行符、转义字符、控制字符等。

在需要结束输入时，可以输入 Ctrl+D，以便结束 readAll( )。

4．输入数值

采用 Console 类提供的 read 系列方法，读入后的数据默认是字符或字符串，如果开发者需要通过 Console 输入数值，一般可以通过类型解析转换实现。仓颉语言提供的类型转换函数主要在 convert 库中，当需要使用这些函数时可以导入该包。

下面是一段将输入的字符串转换成 Int32 类型的示例：

```
//ch04/proj0405/src/main.cj
from std import console.*
from std import convert.*              //导入转换包
main() {
    var s:Option<String> = Console.stdIn.readln()
    var o:Option<Int32> = Int32.parse(s.getOrThrow())
    var v = o.getOrThrow();               //v 为 Int32 类型
    println(v)
    return
}
```

仓颉在 convert 包中，提供了从字符串转换到特定类型的系列函数，其中定义了一个抽象接口 Parsable<T>，基本的数据类型（包括 Bool、Char、Int8、Uint8、Int16、UInt16、Int32、UInt32、Int64、UInt64、Float16、Float32、Float64）都扩展了该接口，从而实现字符串到基本类型的转换。部分解析功能说明如表 4-1 所示。

表 4-1 部分解析功能

函　　数	功　　能
Bool.parse(s: String)	将字符串转换成 Option<Bool>类型
Char.parse(s: String)	将字符串转换成 Option<Char>类型
IntX.parse(s: String)	这里 X 有 8、16、32、64 之分，分别表示把字符串转换成对应位数 Option<IntX>类型
UIntX.parse(s: String)	这里 X 有 8、16、32、64 之分，分别表示把字符串转换成对应位数的 Option<UIntX>类型
FloatX.parse(s: String)	这里 X 有 16、32、64 之分，分别表示把字符串转换成对应位数的 Option<FloatX>类型

4.2.2　终端输出

1. write()

Console 类提供的 write()方法可以向终端输出字符串及可以转换成字符串的数据，仓颉提供的基本数据类型一般能自动转换成字符串，在采用这种方式进行输出时一般不需特殊处理，示例代码如下：

```
//ch04/proj0406/src/main.cj
from std import console.*
main() {
    var s = "Zhang"
    var v = 600
    Console.stdOut.write(s);                //输出 s 的值 Zhang
    Console.stdOut.write(v);                //输出 v 的值 600
    Console.stdOut.write("Hello "+s);       //输出 Hello Zhang
    return
}
```

2. writeln()

Console 类提供的 writeln()方法的用法和 write()类似，不同的是 writeln()会在输出后换行，示例代码如下：

```
ch04/proj0407/src/main.cj
from std import console.*
main() {
    var s = "Zhang"
    var v = 600
    Console.stdOut.writeln(s);              //输出 s 的值 Zhang 后换行
    Console.stdOut.writeln(v);              //输出 v 的值 600 后换行
    Console.stdOut.write("Hello ${s}");     //输出 Hello Zhang 后换行
    return
}
```

备注：仓颉语言在终端输入、输出上采用了类成员函数方式，采用的是面向对象编程的基本方式。类似于 C#语言中的 Console.Write 系列、Java 语言中的 System.out.print 系列。

4.3　控制结构

高级程序设计语言有 3 种基本控制结构：顺序结构、选择结构和循环结构。仓颉语言也相应地有 3 种控制语句结构。

备注：顺序、选择和循环 3 种基本结构是所有高级程序语言都有的控制结构，这 3 种基本结构可以嵌套、组合出各种复杂的程序逻辑。在结构化程序设计理论中，3 种基本结构已被证明可以解决任何单入口单出口问题。

4.3.1　顺序结构

顺序结构是程序中最简单的结构，也可以说是没有控制的结构，同一级别的程序执行语句或执行代码块按照在程序中的前后顺序依次执行。顺序结构的基本流程如图 4-1 所示，程序在执行完 A 部分后，顺序执行 B 部分。

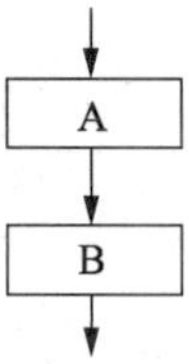

图 4-1　顺序结构的基本流程

在仓颉程序中，一般使用一行表示一个语句，程序按照从上到下一行一行地执行，这种组织语句的方式称为顺序结构，示例代码如下：

```
//ch04/proj0408/src/main.cj
main() {
    var name = "Zhang"              //定义 name
    var age = 18                    //定义 age
    print(name);print("\t")         //输出 name   Tab
    println(age)                    //输出 age
    return
}
```

以上代码按照语句的先后顺序，一行一行地执行。如果在一行中有多个语句，则需要用分号（;）分隔，语句按照从左到右的顺序依次执行。

需要注意的是，仓颉语言中的花括号块默认为一个匿名函数，并不是一个和同级语句并列的可执行顺序结构，示例代码如下：

```
//ch04/proj0409/src/main.cj
main() {
    var name = "Zhang"              //定义 name
    var age = 18                    //定义 age
    print(name);print("\t")         //输出 name   Tab
    {                               //第 6 行
        print("something")
    }                               //第 8 行
    println(age)                    //输出 age
    return
}
```

在以上代码中，第 6～8 行是一个语句块，看上去和前后的语句是顺序关系，但是以上程序运行并不会输出 something，这是因为在仓颉语言中花括号括起来的部分默认为一个匿名函数，需要调用这一段代码才能运行，因此这里只是定义了一个功能，并没有调用这个功能。如果在第 8 行右边花括号后加上( )，则表示调用执行该块代码，此时该代码块和其前后语句构成顺序结构。

4.3.2　选择结构

选择结构是在程序执行过程中根据条件进行选择执行分支代码的逻辑结构，仓颉语言使用

if 表达式实现选择结构。选择结构的基本流程如图 4-2 所示，程序在执行过程中会进行条件判断，当判断条件成立时选择一条路径继续执行，当判断条件不成立时选择另外一条路径继续执行。

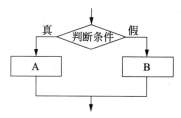

图 4-2　选择结构的基本流程

在仓颉程序中，使用 if 表达式实现选择结构，if 表达式有多种形式和用法。

1. if 的使用

if 表达式的基本格式如下：

```
if (逻辑结果表达式){
    //处理代码
}
//后续代码
```

当逻辑结果表达式的结果为真（true）时，执行花括号中间的代码，否则程序跳过 if 控制的语句块，执行后续代码，示例代码如下：

```
let x=600
if (x%2==0) {
    println("${x}是偶数")
}
```

需要注意的是，if 语句后面小括号内的表达式必须是逻辑表达式，即表达式的结果必须是 true 或 false，不能是其他类型值，例如下面代码是错误的：

```
let x=1
if (x) {                       //错误，整数不能当成 Bool 类型
    println("something")
}
```

另外，if 语句后面的花括号不能省略，即使 if 只控制一个表达式也不能省略，示例代码如下：

```
let x=1
if (x>0)                       //错误，花括号不能省略
    println("something")
```

2. if-else 的使用

只有 if 的表达式，可以认为是只有一个分支的选择，如果有两个执行路径可以选择，则可以使用 if-else 表达式，if-else 表达式的基本语法如下：

```
if (逻辑结果表达式) {
    //逻辑结果表达式为真时的处理代码
}else {
    //逻辑结果表达式为假时的处理代码
}
//后续代码
```

在 if-else 中，当逻辑结果表达式结果为真（true）时，则执行 if 对应的花括号中间的代码，否则执行 else 对应的花括号中间的代码，示例代码如下：

```
ch04/proj0410/src/main.cj
main() {
    let x = 600
    if (x % 2 == 0) {
        println("${x}是偶数")
    } else {
        println("${x}是奇数")
    }
}
```

3. if-else-if 的使用

对于多个分支控制，仓颉还提供了 if-else-if 表达式，使用 if-else-if 表达式的基本语法如下：

```
if (表达式1) {
    //处理代码1
}else if (表达式2) {
    //处理代码2
}else {
    //处理代码3
}
//后续代码
```

以上 if-else-if 表达式，相当于在原来的 if-else 的 else 分支中嵌套了 if-else。理论上 if-else-if 中还可以任意多次使用 else if，示例代码如下：

```
//ch04/proj0411/src/main.cj
from std import console.*
from std import convert.*
main() {
    var s: Option<String> = Console.stdIn.readln()
    var o: Option<Int32> = Int32.parse(s.getOrThrow().trimRight("\n"))
    var x = o.getOrThrow();
    if (x >= 90) {               //if 表达式
        println("优秀")
    } else if (x >= 80) {
        println("良好")
    } else if (x >= 60) {
        println("及格")
```

```
    } else {
        println("不及格")
    }
}
```

以上代码可以写成嵌套的形式，下面代码和以上代码是等价的：

```
//ch04/proj0412/src/main.cj
from std import console.*
from std import convert.*
main() {
    var s: Option<String> = Console.stdIn.readln()
    var o: Option<Int32> = Int32.parse(s.getOrThrow().trimRight("\n"))
    var x = o.getOrThrow();
    if (x >= 90) {
        println("优秀")
    } else if (x >= 80) {
        println("良好")
    } else {                    //在 else 内嵌套了 if-else
        if (x >= 60) {
            println("及格")
        } else {
            println("不及格")
        }
    }
}
```

备注：在仓颉语言选择结构中，不管是 if 控制块还是 else 控制块，其块对应的花括号均不能省略，即使被控制的块只有一个语句也不能省略花括号。在 C/C++/Java 语言中，当 if 语句只控制一句代码时可以省略花括号，Python 中则通过缩进确定控制块。

4. if 表达式的结果和类型

一般情况下 if 表达式主要是为了根据条件控制语句的执行流程，需要的是语句执行的效果，而不需要使用表达式本身的结果。

但是，因为 if 也是一个表达式，所以它可以出现在任何允许使用表达式的地方，并且它也拥有类型，在具有多个分支时，if 表达式中各个分支类型的确定方式如下：

（1）若分支的最后一项为表达式，则该分支的类型是此表达式的类型。

（2）若分支的最后一项为变量定义或函数声明，或分支的类型为空，则该分支的类型为 Unit。

示例代码如下：

```
var x=90
if (x>=90){
    println("优秀")
    x                           //该分支的结果与 x 的类型相同，即 Int64
} else if (x>=60)
```

```
    println("及格")
    let r = 75                        //该分支的结果为 Unit 类型
} else {

                                       //该分支的结果为 Unit 类型

}
```

在不使用 if 表达式的结果时，其结果类型往往没有意义，但是在使用其结果给变量赋值时，就需要特别关注 if 表达式的结果类型。

在上下文有明确的类型要求时，分支的类型均要求与上下文所要求的类型或其子类型相同，示例代码如下：

```
let num = 90
let r: Bool = if (num > 0) {         //显式要求 if 表达式类型为 Bool 类型
    println("大于 0")
    true                              //正确
} else {
    println("不大于 0")               //错误 Unit 类型，不是 Bool 类型
}
```

以上代码，尽管 else 部分执行不到，但是因为 r 被定义为 Bool 类型，所以要求 if 中所有的分支的最后一个表达式的结果必须是 Bool 类型，否则编译时会报错。理论上，这里只要每个分支的结果类型能够自动转换成 r 对应的类型即可。

在上下文没有明确的类型要求时，如果多个分支类型不相同，则 if 表达式的类型是各个分支的类型最小公共父类型。如果所有的分支没有公共父类型或最小公共父类型是 Any、Object 或 Nothing，则会报错。

在上下文没有明确时，系统会自动推定 if 分支的类型，在类型不一致或不能自动转换时会报错，示例代码如下：

```
var num = 90
let r1 = if(num > 0){ 1 } else { 0 }
//上一行正确，r1 为 Int64 类型，因为 1 和 0 都是 Int64 类型
let r2 = if(num > 0){1}else {false}
//上一行错误，Int64 和 Bool 公共类型是 Any
let r3 = if(num > 0){1} else { }
//上一行错误，else 的结果为 Unit 类型，Int64 和 Unit 公共类型是 Any
let r4 = if(num > 0) {1}
//上一行正确，尽管花括号内是 Int64 类型，但不确定是否能执行，若执行，则为 Int64 类型；若不执行，
//则为 Unit 类型，Int64 和 Unit 的最小公共类型是 Unit，因此 r4 推定为 Unit 类型，Unit 类型的值是()
```

4.3.3 循环结构

循环结构是在某个条件下重复执行指定代码片段的一种控制结构。循环结构又可以分为当型循环结构和直到型循环结构。当型循环结构的基本流程如图 4-3（a）所示，程序在执行过程

中会首先判断循环条件，当循环条件成立时，进入循环体，每执行一轮循环体后都会重新判断循环条件；当循环条件不成立时，退出循环，执行循环后面的代码。直到型循环的基本流程如图 4-3（b）所示，程序在执行过程中会首先进入循环体，每执行一轮循环体后会判断循环条件，当循环条件成立时，继续重新执行循环体，直到循环条件不成立时退出循环，执行循环后面的代码。

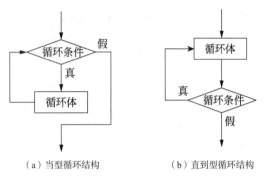

（a）当型循环结构　　　　（b）直到型循环结构

图 4-3　循环结构的基本流程

针对循环结构，仓颉语言提供了 3 种循环表达式，分别是 for in 表达式、while 表达式和 do while 表达式。

循环表达式的主要功能是进行程序控制，执行循环体，而循环表达式本身的值并不重要，因此，仓颉语言中的 3 种循环表达式的结果类型都是 Unit，即值为( )。

1. for in 表达式

在仓颉语言中，for in 表达式的一般格式如下：

```
for (遍历序列元素 in 序列){
    //循环体处理代码
}
```

在 for in 表达式中，以 for 关键字开头，接着是定义在一对圆括号之内的循环条件，使用关键字 in 分隔遍历序列元素的绑定和要遍历的序列，遍历序列元素依次取得序列中的元素，执行后面花括号中间的循环体处理代码。for in 表达式主要用于遍历序列，如区间、元组、数组、列表等，示例代码如下：

```
for (i in 1..=10) {
    print(i)
}
```

以上程序代码片段，i 依次获取区间 1～10 中的每个元素，然后输出 i 的值，整个循环输出的结果是 12345678910。for in 循环表示在序列中进行遍历，如果序列为空，则循环体不执行，示例代码如下：

```
var list: List<Int64> = [ ]
for (v in list) {                //列表为空，循环体不执行
    print(v)
}
```

以上程序代码片段不输出任何内容，因为 list 列表内容为空，循环体无法进入。

需要注意的是，默认情况下在 for in 循环中遍历序列元素是由 let 修饰的，因此遍历序列元素只能对序列元素进行读操作，而不能对其进行写操作，示例代码如下：

```
//ch04/proj0413/src/main.cj
main() {
    var a = [(1, 2), (3, 4), (5, 6)]
    for ((x, y) in a) {
        print(x + y)
        x = x + 1                //错误，x 不能改写
    }
    //如果去掉错误行，则循环结束时输出的结果为 3711
}
```

在 for in 循环中，尽管不能通过遍历序列元素直接改写序列内容，但是对于有的序列则可以通过序列名修改其中的内容，如数组，示例代码如下：

```
//ch04/proj0414/src/main.cj
main() {
    var array = Array<Int64>([1, 2, 3, 4, 5])
    for (c in array) {
        print(c)
        c = 6                //错误，c 由 let 修饰，不能改写
        array[2] = 6         //正确，把下标 2 对应的位置 3 的值改成了 6
    }
}
```

以上代码片段，如果去掉错误行，则输出的结果为 12645。

备注：仓颉语言中 for 循环是为了遍历集合，所以 for 后面必有 in。for in 表达式和 Python 中的 for 语句在功能设计上类似，但在语法书写上不同。

2. while 表达式

在需要当型循环结构时，一般使用 while 表达式，while 表达式的一般形式如下：

```
while (循环条件表达式) {
    //循环体处理代码
}
//后续代码
```

在 while 表达式执行时，每次执行循环体之前，首先判断循环条件表达式是否成立，即是否为 true，如果成立，则进入循环体，如果循环条件表达式不成立，则停止循环，继续执行 while 表达式的后续代码，示例代码如下：

```
//ch04/proj0415/src/main.cj
main() {
    var a = 1
    var sum = 0
    while (sum < 100) {        //当 sum<100 时，进入循环
        sum = sum + a
        a++
    }
    println(sum)               //输出 105
}
```

以上代码求出的是从 1 开始连续依次把 1、2、3、…加到 sum 上，当 sum 的值大于或等于 100 时停止循环，最后输出 sum 的值，循环结束后 sum 的值为 105。

while 循环要求循环条件表达式的结果必须是 Bool 类型，否则会报错。

3. do while 表达式

在需要直到型循环结构时，一般使用 do while 表达式，do while 表达式的一般形式如下：

```
do {
    //循环体处理代码
}while (循环条件表达式)
//后续代码
```

和 while 循环不同的是 do while 表达式至少执行一次循环体。在执行一遍循环体后，do while 循环判断圆括号之内的循环条件表达式，如果循环条件表达式为真，则重新进入循环体，继续执行，直到循环条件表达式为假时，停止循环，然后执行循环后面的后续代码，示例代码如下：

```
//ch04/proj0416/src/main.cj
main() {
    var a = 1
    var sum=100                //sum 初始值不小于 100
    do {                       //进入循环
        sum = sum + a
        a++
    }while (sum < 100)
    println(sum)               //输出 101
}
```

以上代码，sum 的初始值为 100，表达式 sum<100 的结果为 false，但是因为 do while 循环首先执行一次循环体，因此会执行 sum=sum+a 一次，所以最后输出的 sum 的值为 101。

同样，do while 循环要求循环条件表达式的结果也必须是 Bool 类型，否则会报错。

备注：无论 while 表达式，还是 do while 表达式，都是在循环条件表达式为真时，循环会继续执行循环体的代码。

4. 跳转表达式

1）break 表达式

在进行循环的过程中，如果需要中途跳出循环，则可以使用 break 表达式，break 表达式只能出现在循环表达式的循环体内，表示终止当前循环，进而执行循环后面的代码，示例代码如下：

```
//ch04/proj0417/src/main.cj
main() {
    for (i in 100..=200) {
        if (i%7==0 && i%13==0) {          //判断 i 是否是 7 和 13 的公倍数
            print(i)
            break                         //跳出循环
        }
    }
}
```

以上代码通过 for in 循环，在 100～200 寻找第 1 个 7 和 13 的公倍数。在循环体中通过 if 表达式判断 i 是否是 7 和 13 的公倍数，如果是，则输出 i，然后执行 break 以便中止循环。以上代码的输出为 182，即 100～200 的最小的 7 和 13 的公倍数。

break 表达式同样适用于 while 和 do while 表达式，示例代码如下：

```
//ch04/proj0418/src/main.cj
main() {
    var a = 50000
    while (true) {
        if ((a % 7 == 0) && (a % 13 == 0)) {
            println(a)
            break
        }
        a = a + 1
    }
}
```

以上代码在 50 000 以上的数字中，寻找第 1 个 7 和 13 的公倍数，找到后立即停止循环。执行代码后的输出结果为 50 050。

2）continue 表达式

和 break 完全中止循环不同，continue 表达式表示中止当前一轮循环，继续下一轮循环。对于 for in 循环，当执行到 continue 时代码会跳转到 for 的位置，继续取出列表中的下一个元素进入循环，示例代码如下：

```
ch04/proj0419/src/main.cj
main() {
    for (i in 1..=100) {
        if (i%7 == 0 || i%10==7) {          //i 是 7 的倍数或个位是 7
```

```
        continue                      //继续下一轮循环
    }
    println(i)
  }
}
```

以上代码用于输出 1～100 所有不是 7 的倍数和个位不是 7 的数字,当判断到是 7 的倍数或个位是 7 时,通过 continue 跳过了 if 后面的 println(i)语句,取下一个数重新进入循环。

对于 while 循环,当执行到 continue 时代码会跳转到 while 循环条件表达式,判断其是否为真,如果为真,则继续进入循环执行,示例代码如下:

```
//ch04/proj0420/src/main.cj
main() {
    var v=1
    while (v<100) {
        v = v + 1                //v 每次加 1
        if (v%7==0) {            //判断 v 是否是 7 的倍数
            continue             //继续下一轮循环
        }
        println(v)               //输出 v
    }
}
```

以上代码用于输出 100 以内所有不是 7 的倍数的数字,如果是 7 的倍数,则通过 continue 跳过输出,继续下一轮循环。

在 do while 循环中,和在 while 中类似,当执行到 continue 时,代码同样会跳转到循环条件表达式,判断其是否为真,如果为真,则继续进入循环执行,否则循环结束。

不论使用哪种循环表达式,在使用循环时都要避免出现死循环,示例代码如下:

```
ch04/proj0421/src/main.cj
main() {
    var v=1
    while (v<100) {
        if (v%7==0) {            //判断 v 是否是 7 的倍数
            continue             //继续下一轮循环
        }
        println(v)               //输出 v
        v = v + 1                //v 每次加 1
    }
}
```

以上代码在执行到 v 的值为 7 时,由于 if 的判断条件为真,而执行 continue,跳转到 while 后面圆括号内判断 7<100 为真,继续进入循环。但是,此时 v 的值仍然为 7 而没有改变,会继续进入 if 执行 continue,这样便形成了死循环。

在仓颉程序中,break 和 continue 表达式的类型都 Nothing 类型。

第5章

函　　数

函数是程序代码的功能单元，是程序的逻辑载体，函数的使用非常普遍和重要，例如，仓颉程序执行的入口就是一个名为 main 的主函数。本章主要介绍仓颉语言中的函数，包括函数定义、函数调用、函数高级特性等。

5.1　函数定义

5.1.1　一般函数定义

1. 函数定义的一般形式

在仓颉语言中定义函数以 func 关键字开始，之后包括函数名、参数列表、返回值类型和函数体。函数定义的一般形式如下：

```
func 函数名(参数列表) : 返回值类型 {
    //函数体执行代码
}
```

其中，func 是函数定义关键字，函数名可以是任意的合法仓颉标识符；参数列表定义在一对圆括号内，多个参数以逗号分隔；返回值类型是函数执行后的返回结果类型，定义时函数的返回值类型可以省略，参数列表和返回值类型之间使用冒号分隔；函数体由一对花括号及其中的执行代码构成，示例代码如下：

```
//函数 sub 的功能是计算两个整数差的绝对值
func sub(a: Int64, b: Int64): Int64 {
    var c=0                //c为 Int64 类型
    if (a>b){
        c = a-b
```

```
      return c
   }
   else{
      c = b-a
      return c
   }
}
```

以上代码，定义的函数名为 sub，参数为两个 Int64 类型的整数，返回值为 Int64 类型，函数体实现了计算两个整数差的绝对值的功能，并将结果返回，函数返回采用 return 关键字。由于函数中的多个 return 都返回 c，c 的类型已推定为 Int64，所以以上函数定义可以省略返回值类型，示例代码如下：

```
//函数 sub 的功能是计算两个整数差的绝对值
func sub(a: Int64, b: Int64){          //省略了返回值类型
   //函数体执行代码
}
```

备注： 当在仓颉语言中定义函数时，其返回值类型声明被放到 "函数名（）" 的后面，中间用 "：" 分隔。仓颉语言中在进行类型显式声明时，代表类型的关键字都被放到后面，而 C/C++/Java 语言在进行函数返回值或变量等类型说明时类型关键字是放到前面的。另外，main 是特殊函数，定义时不用 func 关键字。

2. 参数列表

在仓颉语言中，一个函数可以拥有 0 个或多个参数。当不需要参数时，参数列表可以省略；当需要定义多个参数时，参数列表中各个参数以逗号分隔。定义函数中的参数列表也可以称为形参列表。

根据函数调用时是否需要给定参数名，可以将函数参数列表中的参数分为两类，分别是非命名参数和命名参数。

非命名参数的定义方式为 name: Type，其中 name 表示参数名，Type 表示参数名的类型，参数名和其类型间使用冒号隔开。例如，在上例的 sub 函数中，两个参数 a 和 b 均为非命名参数。

命名参数的定义方式为 name!: Type，与非命名参数不同的是在参数名之后多了一个叹号（!）。如果将上例中 sub 函数的两个非命名参数修改为命名参数，则函数定义如下：

```
//函数 sub 的功能是计算两个整数差的绝对值
func sub(a !: Int64, b !: Int64){          //命名参数
   var c = 0
   if (a > b){
      c = a-b
      return c
   }
   else{
      c = b-a
```

```
        return c
    }
}
```

参数列表中可以同时包含非命名参数和命名参数，但是要求非命名参数只能定义在命名参数之前，即参数列表中一旦出现命名参数，其后必须都是命名参数。例如，下面 sum 函数的参数列表定义是不合法的，代码如下：

```
func sum(a:Int64, b!:Int64, c:Int64){   //错误，命名参数后必须都是命名参数
    //函数体执行语句
}
```

命名参数还可以设置默认值，设置默认值的基本形式为 name !: Type = value，表示将 name 参数的默认值设定为 value 的值。例如，下面定义的函数 sub_abs 的两个参数的默认值都设置为 0，代码如下：

```
//函数的功能是计算两个整数差的绝对值
func sub_abs(a !: Int64=0, b !: Int64=0){        //命名参数带默认值
    return if(a>b){
        a-b
    } else{
        b-a
    }
}
```

需要强调的是，定义函数时，只能为命名参数设置默认值，不能为非命名参数设置默认值。非命名参数和命名参数在函数调用时，它们传递参数的方式不同，后续章节将进一步介绍。

3. 函数返回值类型

函数返回值类型是函数被调用后得到的返回值的类型。定义函数时，返回值类型可以显式地说明，也可以省略。

当显式地说明函数返回值类型时，要求函数体的类型、函数体中所有 return value 表达式中的 value 的类型都必须和函数返回值类型一致，或可以自动转换成函数返回值的类型。

当省略函数返回值类型说明时，要求编译器可以唯一地推定出函数的返回值类型，否则函数编译时会报错，示例代码如下：

```
func lessThan(a:Int64 , b:Int64=0){        //错误，不能推定函数返回值的类型
    if(a<b){
        return true                        //返回 Bool 类型
    }else{
        return "no"                        //返回字符串类型
    }//函数体执行语句
}
```

在以上代码中，包含的两个 return 语句返回的值类型不一致，也没有公共父类类型，因此编译器会因无法推定函数的返回值类型而报错。当然，即使在函数定义上显式地加上返回值类

型说明，也会因为类型不一致而报错。

总之，函数返回值类型必须是确定的，或定义时显式地说明，或由编译器推导确定。

4. 函数体

在函数定义中，包含在一对花括号中间的部分称为函数体，函数体定义了函数的功能，是函数被调用时执行的操作。通常函数体包含一系列的变量定义和表达式等。

1）带 return 表达式的函数

在函数体中的任意位置都可以使用 return 表达式来终止函数的执行并返回，return 表达式有两种形式：return expression 和 return。

其中，expression 是一个仓颉表达式，当以 return expression 形式返回时，要求 expression 的类型与函数定义的返回值类型一致。当以 return 形式返回时，函数返回值类型应该定义为 Unit 或省略而由编译器推定，示例代码如下：

```
func fun1(): String {          //错误，函数返回值类型和返回表达式类型不一致
    return 100
}
func fun2(): String {          //错误，函数返回值类型和返回表达式类型不一致
    return
}
func fun3(): Unit{             //正确，函数返回值类型和返回表达式类型一致
    return
}
func fun4(){                  //正确，函数返回值类型由编译器推定为 Unit
    return
}
```

2）不带 return 表达式的函数

在函数体内，可能不存在 return 表达式或执行不到 return 表达式，仓颉语言规定此时函数体仍然有返回值类型，无 return 表达式的函数体类型是由函数体内最后一项对应的数据类型而确定的，若最后一项为表达式，则函数体的类型为该表达式的类型，若最后一项为变量定义、函数声明或函数体为空，则函数体的类型为 Unit，示例代码如下：

```
func fun5(a: Int64, b: Int64){   //正确，函数返回值类型推定为 Int64
    a + b                       //该表达式类型为 Int64
}
func fun6(): Unit {            //正确，和函数体最后一项的类型一致
    let s = "Hello"
    print(s)                    //该表达式的类型为 Unit
}
func fun7(): String {          //错误，和函数体最后一项的类型不一致
    let s = "Hello"
    print(s)                    //该表达式的类型为 Unit
}
```

```
func fun8(): Unit {              //错误，和 return 类型不一致
    return 100                   //返回的类型是 Int64
    print(100)                   //该表达式的类型为 Unit
}
func fun9() {                    //错误，不能推导出类型
    return 100                   //返回的类型是 Int64
    print(100)                   //该表达式的类型为 Unit
}
```

备注：return 表达式表示的是返回，一般代码段的最后一个表达式的类型即为该段的类型，在一个代码段内如果 return 表达式是最后一个表达式，则常常省略 return 关键字。

5.1.2 嵌套函数定义

在仓颉语言中，函数允许嵌套定义。定义在源文件顶层的函数称为全局函数，定义在某个函数体内的函数称为嵌套函数或局部函数。

全局函数可以在任何位置调用，嵌套函数一般只能在其定义所在的区域内被调用，示例代码如下：

```
//ch05/proj0501/src/main.cj
main() {
    outfun()                     //正确，调用全局函数
    infun()                      //错误，提示没有定义
}
func outfun() {                  //定义全局函数
    infun()                      //错误，提示没有定义
    func infun() {               //定义嵌套函数
        println("infun is called")
    }
    println("outfun is called")
    infun()                      //正确，调用嵌套函数
}
```

以上代码定义了全局函数 outfun，在其内部定义了嵌套函数 infun。可以在 main 函数中调用 outfun，但是当直接调用 infun 时会提示没有定义。在 outfun 中定义 infun 函数之后调用 infun 是可以的，在 infun 定义之前调用会提示没有定义。

嵌套函数可以作为函数的返回值返回，以实现在外面进行调用，这一点类似于 C 语言的函数指针。

备注：高级编程语言支持函数嵌套调用，但函数嵌套定义有的语言不支持。如 C/C++ 语言中不支持函数嵌套定义，Java 语言也不支持方法嵌套定义，但在 Python 语言支持函数嵌套定义。

5.1.3 重载函数定义

在仓颉语言中，允许定义重载函数，即在一个作用域内定义多个同名的函数，这称为函数重载。

函数重载要求函数名相同，但函数参数必须不同，参数不同是指参数个数不同或参数个数相同但参数类型不同，示例代码如下：

```
func fun(){                           //参数个数为 0
}
func fun(x: Int16){                   //参数个数为 1，类型 Int16
}
func fun(x: Float32){                 //参数个数为 1，类型 Int32
}
func fun(a: Int64, b: Float64): Unit {  //参数个数为 2
}
```

以上 4 个函数构成函数重载，它们的名字相同，但是参数个数不同或类型不同。函数重载是以函数名和函数参数作为判断依据的，仅仅返回值不同不能构成重载，示例代码如下：

```
func test1(){              //参数个数为 0
}
func test1():Int64{        //参数个数为 0，返回值类型不同不构成重载
    return 100
}
main(){
    func test1(){          //可定义，但和上面 test1 不在同一个作用域，不构成重载
    }
}
```

函数重载赋予一个函数名可以实现多种不同的功能，在 record、class、interface 等类型定义中，函数重载使用得比较普遍，函数重载是面向对象编程中多态特性的体现。

备注：多态是面向对象编程的特征之一，函数重载是一种多态机制。C/C++、Python 语言均支持函数重载，Java 语言也支持方法重载。Go 语言不支持函数重载，在 Go 语言中不支持函数重载被认为是为了简洁。

5.2 函数调用

定义函数起到了代码功能抽象封装的效果，定义函数的目的主要是调用函数，定义好的函数功能代码可以反复调用以达到代码复用的目的。

函数调用就是在主调程序代码在执行到函数调用点时，转而执行被调用函数的代码过程，待被调用函数执行返回后，主调程序代码继续执行函数调用点后续的程序代码。

5.2.1 一般函数调用

一般情形下，函数调用是从主函数开始的，主函数调用别的函数，别的函数又可以作为主调程序代码继续调用其他函数。函数调用的一般过程如图 5-1 所示。

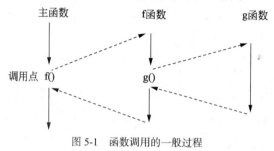

图 5-1 函数调用的一般过程

调用函数时，需要根据被调函数的具体定义，决定是否为被调用函数传递参数。

在仓颉语言程序中，调用函数的一般形式如下：

函数名（ 实参 1，实参 2,..., 实参 n ）

函数调用中的参数列表中的参数称为函数实参。实参 1～实参 n 可以是常量、变量或表达式。实参的个数根据函数的定义确定，可以有 0 个或多个，和函数定义时的形参个数对应。函数调用时要求每个实际参数的类型必须和函数定义时对应的参数类型相同或是对应参数类型的子类型。

1. 非命名参数传递

对于函数定义中非命名参数，调用函数时，传递实参的类型和函数定义时的参数类型对应即可，每个实参可以是常量、变量或表达式等，示例代码如下：

```
//ch05/proj0502/src/main.cj
main() {
    let x = 100
    let y = 200
    let r = add(x, y+300)
    println("${r}")                    //输出 600
}
func add(a: Int64, b: Int64) {
    return a + b
}
```

以上调用函数 add 的过程中，实参 x 的值传递给了形参 a，实参表达式 y+200 的结果传递给了形参 b，函数 add 返回 a+b 的表达式的值，赋给了 r，所以输出的 r 为 600。

函数参数传递是值传递，其实就是把实参表达式的值赋给了形参，函数形参默认进行了 let 修饰，因此在函数中不能改写形参值，更不能在函数内通过形参直接修改实参值，示例代码如下：

```
//ch05/proj0503/src/main.cj
main() {
    let x = 100
    let y = 200
    let r = add(x, y+300)
    println("${r}")
}
func add(a: Int64, b: Int64) {
    a=1                              //错误, a 不能改写
    b=2                              //错误, b 不能改写
    return a + b
}
```

2. 命名参数传递

对于函数定义中的命名参数, 调用函数时, 实参需要使用 name:value 的形式进行传递, 其中, name 为函数的命名参数, value 为对应类型值的表达式, 示例代码如下:

```
//ch05/proj0504/src/main.cj
main() {
    var r = add(a:100, b:200)       //调用命名参数
    println("${r}")                 //输出 300
    r = add(b:300, a:400)           //调用函数, 参数顺序不同
    println("${r}")                 //输出 700
    r = add(500, b:600)             //错误, 名称不能省略
}
func add(a!:Int64, b!:Int64) {
    return a + b
}
```

以上代码 3 次调用了 add 函数。第 1 次调用按照参数顺序及名称传递参数, 形参 a 会被赋值成 100, 形参 b 会被赋值成 200。第 2 次调用没有按照参数的顺序传递, 对于命名参数, 函数调用参数传递是通过名称判断并进行对应传递的。这里形参 a 会被赋值成 400, 形参 b 会被赋值成 300。第 3 次调用省略了 a 参数名是不正确的, 对于命名参数, 函数调用时实参传递不能省略参数名。

当既有命名参数又有非命名参数时, 函数定义中命名参数必须在非命名参数后面, 函数调用时命名参数不能和非命名参数交换次序, 示例代码如下:

```
//ch05/proj0505/src/main.cj
main() {
    var r:Int64
    r = add(1, c:2, b:3)            //调用函数, b 和 c 可以交换顺序
    println("${r}")                 //输出 6
    r = add(b:7, 8, c:9)            //错误, 命名参数必须在非命名参数后面
}
func add(a:Int64, b!:Int64, c!:Int64) {
```

```
       return a + b + c
}
```

3. 带默认值的命名参数传递

对于拥有默认值的命名参数，函数调用时，可以不传递实参，此时函数实参将使用默认值作为实参的值。如果函数调用时显式地传递实参，则采用传递的实参值，示例代码如下：

```
//ch05/proj0506/src/main.cj
main() {
    var r:Int64
    r = add(90)                    //调用函数，省略了默认值参数b
    println("${r}")                //输出 95
    r = add(90, b:10)              //给b传递了值10
    println("${r}")                //输出 100
}
func add(a:Int64, b!:Int64=5) {
    return a + b
}
```

5.2.2 递归函数调用

递归函数是具有直接或间接调用其自身的函数，当递归函数被调用时，其内部会再次调用该函数本身，这样便形成了递归。递归函数调用的基本过程如图 5-2 所示，函数 r 为一个递归函数。

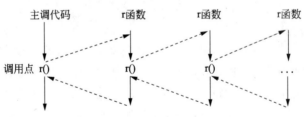

图 5-2 递归函数调用的基本过程

函数递归调用必须能够终止，即不能无限递归。换句话说，当递归到一定程度后，被调用的递归函数不再能执行到递归调用点，这样便可以终止递归。

在下面的示例代码中，递归函数 fact 的功能是递归计算并输出 1~n 的阶乘，示例代码如下：

```
//ch05/proj0507/src/main.cj
func fact(n:Int64):Int64{
    var r:Int64
    if(n<=1){                //n小于或等于1时，递归终止
        println("${n}! = 1")
        1
    }else {
```

```
        r = n*fact(n-1)      //递归调用
        println("${n}! = ${r}")
        r
    }
}
main() {
    fact(8)                  //调用函数 fact
}
```

以上代码输出的结果如下：

```
1! = 1
2! = 2
3! = 6
4! = 24
5! = 120
6! = 720
7! = 5040
8! = 40320
```

5.3 函数高级特性

在仓颉程序语言中，函数既是可执行的代码段，也是一种数据。函数可以作为别的函数的参数，函数也可以作为返回值返回，函数还可以赋值给变量。函数本身也有类型，称为函数类型。

5.3.1 函数类型

函数类型是函数本身的类型，函数类型由函数的参数类型和返回值类型共同决定。函数类型被表示为采用->连接的参数类型和函数返回值类型，函数类型的基本形式如下：

```
(形参类型列表) -> 返回值类型
```

其中，形参类型列表用圆括号()括起来，可以有 0 个或多个参数类型，如果参数超过两个，参数类型之间使用逗号分隔。下面是几个函数的类型示例：

```
func f1(): Unit {   //类型为  ()->Unit
    println("good!")
}

func f2(a: Int64, b: Int64): Int64 {  //类型为  (Int64,Int64)->Int64
    a + b
}

//函数 f3 的类型为  (Int64, Int64) -> Int64 * Int64
```

```
func f3(a: Int64, b: Int64): Int64 * Int64 {
    (a, b)
}
```

备注：函数的类型是包含函数参数和函数返回值类型的信息组合。函数的类型和函数的返回值类型是不同的概念，前者代表的是整个函数，后者仅仅是函数执行后的返回值类型。

5.3.2　函数类型作为变量类型

函数类型也是一种类型，函数类型可以用于声明变量，可以为函数类型的变量赋值函数名，这样既可以通过函数名本身调用函数，也可以通过函数类型的变量调用函数，示例代码如下：

```
//ch05/proj0507/src/main.cj
func add(a: Int64, b: Int64): Int64 {
    return a+b
}
main() {
    let f: (Int64, Int64) -> Int64 = add  //f为函数类型变量
    var r:Int64
    r = add(1,2)
    println(r)                  //输出 3
    r = f(3,4)                  //相当于调用 add
    println(r)                  //输出 7
}
```

5.3.3　函数类型作为返回类型

一个函数可以返回函数的类型，如下示例中，函数 getfun 的返回值类型是一个函数类型，其所返回的类型是(Int64,Int64)->Int64，在 getfun 函数内，根据 flag 的值的不同，返回了 add 或 mul 函数。函数 getfun 的类型为(Bool)->(Int64,Int64)->Int64，示例代码如下：

```
func add(a: Int64, b: Int64): Int64 {
    a + b
}
func mul(a: Int64, b: Int64): Int64 {
    a * b
}

func getfun(flag:Bool): (Int64, Int64) -> Int64 {
    if(flag){
        return add
    }else{
        return mul
    }
}
```

5.3.4　函数类型作为形参类型

函数的形参可以是函数类型，例如下面的 process 函数有 3 个参数，第 1 个参数 f 的类型为函数类型(Int64, Int64)->Int64，另外两个参数 a 和 b 都是 Int64 类型，函数 process 的返回类型为 Unit，函数 process 的类型为((Int64, Int64) -> Int64, Int64, Int64) -> Unit。

```
func process(f: (Int64, Int64) -> Int64, a: Int64, b: Int64): Unit {
    println(f(a, b))
}
```

函数类型作为形参，可以在调用函数时为函数传递函数，这样可以使函数的功能在不同的函数之间进行传递。

5.3.5　Lambda 表达式

1. Lambda 表达式定义

Lambda 表达式可以认为是一个匿名函数，即没有函数名的函数。在仓颉语言中，定义 Lambda 表达式的语法形式如下：

```
{ p1: T1, ..., pn: Tn => 表达式 | 声明序列}
```

其中，=>之前为参数列表，多个参数之间使用逗号（,）分隔，每个参数名和参数对应类型之间使用冒号（:）分隔。=>之前也可以没有参数，类似于无参数的函数。=>之后为 Lambda 表达式体，类似于函数体，它是一组表达式或声明序列，示例代码如下：

```
let f = {a: Int64, b: Int64 => a + b}
var show = {=> println("Hello")}   //无参数的 Lambda 表达式
```

如果 Lambda 表达式没有参数，则可以省略 =>，采用简写形式来定义，示例代码如下：

```
var show = {println("Hello")}        //无参数的 Lambda 表达式简写
```

Lambda 表达式本身是有类型的，类似于函数类型，在需要使用 Lambda 表达式类型时，可以显式地使用其类型，也可以由编译器推定类型，当编译器无法推断出类型时编译时会报错。如下面的代码，f 和 g 类型是一样的。

```
let f = {a: Int64, b: Int64 => a + b}    //可以推定 f 的类型
let g:(Int64, Int64) -> Int64 = {a: Int64, b: Int64 => a + b}
```

Lambda 表达式的返回也是有类型的，类似函数返回值类型。在 Lambda 表达式中，位于 => 右侧的表达式体的类型被视为 Lambda 表达式的返回类型。在 Lambda 表达式中不支持显式地声明返回类型，其返回类型总是从上下文中推断出来，若无法推断，则会报错，示例代码如下：

```
let s = {a: Int64, b: Int64 => a + b}    //=>右侧为 Int64 类型
let f = {=>}                             //=>右侧为空，视为 Unit 类型
```

2. Lambda 表达式调用

Lambda 表达式的调用类似于函数调用，同时 Lambda 表达式支持定义时立即调用，调用 Lambda 表达式可以直接在其后面加上圆括号，示例代码如下：

```
let r1 = {a: Int64, b: Int64 => a + b}(1, 2)    //r1 为 3
let r2 = {123}()                                //r2 为 123
```

Lambda 表达式也可以赋给一个变量，这样这个变量就拥有了类似于函数名的作用，可以使用这个变量名调用相应的 Lambda 表达式，示例代码如下：

```
let fun = {a: Int64, b: Int64 => a + b}
fun(1,2)    //调用 Lambda 表达式
```

需要注意的是，Lambda 表达式需要被调用才能执行。

备注：Lambda 表达式得名于数学中的 λ 演算，在程序中可以理解成一个匿名函数，即没有函数名的函数，Lambda 表达式可以表示闭包。

第6章

结构和枚举类型

6.1 结构类型

在仓颉语言中，结构类型也称为 struct 类型。结构类型是一种自定义类型，开发者可以将若干已有的类型组合在一起，使其成为一个新的结构类型。

6.1.1 定义结构类型

定义结构类型语法中包括结构定义关键字 struct、结构类型名、结构类型定义体，定义体由花括号包裹，里面可以有成员变量、成员属性、构造函数、成员函数。定义结构类型的基本形式如下：

```
struct 结构类型名 {
    成员变量
    成员属性
    构造函数
    成员函数
}
```

示例代码如下：

```
struct Point {
    var x:Int64 = 0            //成员变量
    var y:Int64 = 0            //成员变量
    init(x:Int64,y:Int64) {    //构造函数
        this.x = x
        this.y = y
    }
```

```
    func toString():String {    //成员函数
        return "(${x},${y})"
    }
}
```

上例中定义了名为 Point 的结构类型，它有两个成员变量 x 和 y，x 和 y 的类型均为 Int64
类型；init 函数为构造函数，构造函数的主要功能是在定义结构实例时完成初始化；toString 为
结构的成员函数。

说明：

（1）定义结构类型时，结构类型名要符合标识符命名规则。

（2）结构类型只能定义在源文件顶层，不能定义在函数、类等新作用域内。

（3）结构类型不能嵌套定义。

6.1.2 创建使用结构

结构类型一旦定义，就可以通过所定义的结构类型创建结构实例（对象或变量），例如可
以通过前面创建的 Point 类型定义一个 Point 结构的实例，示例代码如下：

```
let point = Point(1, 1)
```

结构的实例是结构的一个具体例子，实例化结构实例时会调用构造函数，通过调用构造函
数完成实例的初始化。每个结构实例都拥有记录类型定义中的所有成员，可以通过实例访问它
的实例成员变量和实例成员函数，实例通过成员访问运算符（.）访问成员，示例代码如下：

```
let p = Point(0, 0)
p.x = 10                    //x = 10
p.y = 20                    //y = 20
println(p.toString())       //输出点
```

可以将一个结构实例赋值或传参给另外一个实例，在赋值过程中会对结构实例成员进行复
制，新实例和原实例占用不同的内存空间，其中对一个实例进行修改并不会影响另外一个实例，
示例代码如下：

```
//ch06/proj0601/src/main.cj
main() {
    var p1 = Point(1, 1)        //定义 p1
    var p2 = p1                 //定义 p2，将 p1 复制给 p2，p1 和 p2 是两个点，尽管坐标相同
    var p3:Point                //定义 p3
    p2.x = 20                   //修改 p2 的 x
    p2.y = 20                   //修改 p2 的 y
    p3 = p1                     //将 p1 赋值给 p3，这里的赋值操作，也是复制整个实例
    p3.x = 300                  //修改 p3 的 x
    p3.y = 300                  //修改 p3 的 y
    println(p1.toString())      //输出 p1 点，（1，1），p1 未修改
```

```
    println(p2.toString())          //输出 p2 点，（20，20）
    println(p3.toString())          //输出 p2 点，（300，300）
}
```

结构类型是一种值类型，一个结构变量存储着其所有的成员变量和属性，结构变量之间的赋值是值复制，如在上面的代码中 p1、p2、p3 分别占用不同的空间，在通过赋值运算符进行赋值时，是把赋值运算符右侧的结构内容复制给了左侧的结构实例。

结构类型也是一种类型，可以像使用普通类型一样使用自定义的结构类型，示例代码如下：

```
//ch06/proj0602/src/main.cj
main() {
    let c = Circle(Point(), 10.0)     //定义圆实例
    println(c.center.toString())      //输出圆心
    println(c.area())                 //输出面积
}

struct Circle {                       //定义圆
    var center: Point                 //圆心，使用了自定义的结构类型
    var radius: Float64               //半径
    init(c: Point, r: Float64) {      //构造函数
        center = c
        radius = r
    }
    func area() {                     //求圆的面积
        3.14 * radius * radius
    }
}

struct Point {                        //定义点
    var x: Int64 = 0
    var y: Int64 = 0
    func toString(): String {
        return "(${x},${y})"
    }
}
```

6.1.3　结构成员

1. 成员变量

结构的成员变量分为实例成员变量和静态成员变量。

实例成员变量被每个结构实例独立拥有，实例之间相互不相关。实例成员变量通过结构实例访问。

静态成员变量是由 static 修饰的成员变量，故称为静态成员变量，也可称为结构类型的成员变量。每个结构类型的静态成员变量在内存中只有一份，只能通过结构类型名访问。

定义结构类型时，实例成员变量可以不设置初始值，也可以设置初始值；静态成员变量必须设置初始值。示例代码如下：

```
//ch06/proj0603/src/main.cj
struct Point {                      //定义点
    var x: Int64 = 0
    var y: Int64                     //可以
    init() {
        y = 0                        //初始化 y
    }
    static var count: Int64 = 0
    static var flag: Int64           //错误，必须初始化
}
main() {
    var p = Point()
    Point.count = 1
    Point.x = 0                      //错误，不能通过记录名访问实例成员变量
    p.x = 0
}
```

2. 构造函数

构造函数是结构类型在创建实例时自动调用的函数，构造函数的功能是完成实例的初始化。

在仓颉语言中，结构类型的构造函数分为普通构造函数和主构造函数。普通构造函数的名称为 init，主构造函数名称和结构类型名同名。

无论哪种构造函数都要求构造函数必须完成对所有未初始化的实例成员变量的初始化。构造函数中如果形式参数和结构成员变量名相同，则可以使用 this 区分。构造函数可以重载，示例代码如下：

```
struct Point {                      //定义点
    var x: Int64
    var y: Int64
    init(a:Int64,b:Int64) {          //普通构造函数
        x = a                        //初始化 x
        y = b                        //初始化 y
    }
    init() {                         //重载
        x = 0                        //初始化 x
        y = 0                        //初始化 y
    }
    init(x:Int64) {
        this.x = x                   //形参 x 和成员变量 x 同名，加 this
        this.y = 0                   //初始化 y
    }
    init(y:Int64) {                  //错误，不构成重载
        this.y = y
```

```
                                      //错误，所有变量成员都要初始化
    }
}
```

主构造函数和结构类型名同名。结构类型的主构造函数最多只能定义一个。主构造函数可以和普通构造函数形成重载，示例代码如下：

```
struct Point {                        //定义点
    var x: Int64
    var y: Int64
    Point (a:Int64,b:Int64) {         //主构造函数
        x = a                         //初始化 x
        y = b                         //初始化 y
    }
    init() {                          //和主构造函数形成重载
        x = 0                         //初始化 x
        y = 0                         //初始化 y
    }
    init(x:Int64,y:Int64) {           //错误，因和主构造函数重复冲突
        this.x = x
        this.y = y
    }
    Point (a:Int64) {                 //错误，主构造函数只能定义一个
        x = a
        y = 0
    }
}
```

主构造函数除了可以像普通构造函数一样使用外，还具有通过参数直接创建成员变量的功能。

主构造函数参数列表有两种形式：普通形式参数和成员变量形式参数，前者和普通函数参数形式相同；后者需要在参数名前加上 let 或 var 修饰。主构造函数的成员变量的形式参数具有定义成员变量的功能，示例代码如下：

```
//ch06/proj0604/src/main.cj
struct Point {                                    //定义点
    //无须再显式地定义成员 x 和 y
    Point (var x:Int64,var y:Int64) {             //主构造函数，自动定义了 x 和 y 成员变量
    }
}
main() {
    let p = Point(0, 0)
}
```

主构造函数也可以有非成员变量参数，但要求成员变量参数必须放到非成员变量参数的后面。主构造函数可以简化结构类型的定义，同时也容易忽视成员变量的存在，示例代码如下：

```
struct Point {                        //定义点
    //无须再显式地定义成员
```

```
 Point (a:Int64,var x:Int64,var y:Int64) {
    println(a)              //a 是普通参数，a 前面没有 let 或 var 修饰
 }
 init() {
                           //错误，会提示 x 和 y 没有初始化
 }
}
```

如果结构类型定义中没有显式地定义构造函数，包括普通构造函数和主构造函数，则编译器会自动生成一个全参构造函数，即参数列表由所有实例成员变量组成的构造函数。如果在结构类型定义中定义了构造函数，则不会自动生成全参构造函数。例如，对于如下结构定义，注释部分为编译器自动生成的全参构造函数代码，示例代码如下：

```
struct Point {
    let x: Int64
    let y: Int64
    /* 自动生成的全参构造函数
    init(x!: Int64, y!: Int64) {
        this.x= x
        this.y= y
    }
    */
}
```

当一个结构的内部有别的结构类型的成员变量时，需要构造其内部结构成员变量，示例代码如下：

```
//ch06/proj0605/src/main.cj
struct Point {                              //定义点
    var x: Int64
    var y: Int64
    init(a:Int64,b:Int64) {                 //普通构造函数
        x = a                               //初始化 x
        y = b                               //初始化 y
        println("0 init is called in Point")
    }
}
struct Line{                                //定义线，一条线段包含两个端点
    var begin:Point                         //线段的起始点
    var end:Point                           //线段的结束点
    init(x1:Int64,y1:Int64,x2:Int64,y2:Int64) {  //根据 4 个坐标值构造线
        begin = Point(x1,x2)                //初始化起始点
        end = Point(x2,y2)                  //初始化结束点
        println("1 init is called in Line")
    }
    init(begin:Point,end:Point) {           //根据两个点构造线
        this.begin = begin
```

```
        this.end = end
        println("2 init is called in Line")
    }
}
main():Unit {
    var line1 = Line(0,0,10,10)                    //创建 Line1
    println("---------------")
    var line2 = Line(Point(10,10),Point(20,0))     //创建 Line2
}
```

以上代码定义了 Point 和 Line 两个结构类型，在 Line 中包含了两个 Point 的成员变量，分别是 begin 和 end，代表线的起始点。在 Line 中有两个构造函数，一个用 4 个坐标值构建线，另一个用两个点构建线。以上代码的输出结果如下：

```
0 init is called in Point
0 init is called in Point
1 init is called in Line
---------------
0 init is called in Point
0 init is called in Point
2 init is called in Line
```

3. 成员函数

结构的成员函数分为实例成员函数和静态成员函数。在结构类型定义之外，实例成员函数只能通过结构类型的实例访问。静态成员函数只能通过结构类型名访问，静态成员函数通过 static 关键字进行修饰，示例代码如下：

```
//ch06/proj0606/src/main.cj
struct Point {
    let x: Int64 = 0
    let y: Int64 = 0
    static var count = 0                //静态成员变量
    func printX() {                     //实例成员函数
        println(x)
    }
    static func printCount() {          //静态成员函数
        println(count)
    }
}
main():Unit {
    let p = Point()
    p.printX()                          //正确
    Point.printCount()                  //正确
    p.printCount()                      //错误，实例不能访问静态成员
    Point.getX()                        //错误，结构类型不能访问实例成员函数
}
```

实例成员函数可以访问实例成员变量和静态成员变量，也可以调用实例成员函数和静态成员函数。静态成员函数可以访问静态成员变量，也可以调用静态成员函数，但不能访问实例成员变量，也不能调用实例成员函数，示例代码如下：

```
struct Point {
    let x: Int64 = 0
    let y: Int64 = 0
    static var count = 0         //静态成员变量
    func printX() {              //实例成员函数
        println(x)
    }
    func printXY() {             //实例成员函数
        printX()                 //正确，调用实例成员函数
        println(y)               //正确，访问实例成员变量
        println(count)           //正确，访问静态成员变量
        addCount()               //正确，调用静态成员函数
    }
    static func addCount() {     //静态成员函数
        count++                  //正确，访问静态成员变量
        printCount()             //正确，调用静态成员函数
    }
    static func printCount() {   //静态成员函数
        x = 100                  //错误，访问实例成员变量
        printX()                 //错误，调用实例成员函数
    }
}
```

静态数据成员在创建类型时分配内存空间，实例成员变量则在类型创建实例时才分配内存空间，二者在分配的时机上有所不同。可以认为静态成员是类型所拥有的，实例成员是类型的实例所拥有的。

6.1.4 访问控制

1. 可见性

结构的成员有 3 种可见性：公有（public）可见性、私有（private）可见性和缺省可见性。具有公有可见性的成员在结构定义的内部和外部都可以访问，具有私有可见性的成员只能在结构定义的内部访问。结构的成员包括成员变量、成员属性、构造函数、成员函数、重载操作符函数。在缺省情况下，结构的成员可见性为包内可见的，介于公有和私有之间，示例代码如下：

```
//ch06/proj0607/src/main.cj
struct Point {
    var x: Int64 = 0             //默认为包内可见性
    public let y: Int64 = 0      //y 为公有可见性
    private var z:Int64 = 0      //z 为私有可见性
```

```
    func printZ() {                //默认为包内可见性
        println(z)                 //在记录定义内, 私有 z 可见
    }
}
main():Unit {
    let p = Point()
    p.printZ()                     //printZ 可见, 可以访问
    p.x = 10                       //x 可见, 可以访问
    p.z = 30                       //错误, z 为私有的, 不可见
}
```

2. 写限制

在结构类型定义中, 采用 let 修饰的成员变量在初始化后不可再修改。通过 let 修饰的实例, 其所有的成员变量初始化后都不能再改写, 示例代码如下:

```
//ch06/proj0608/src/main.cj
struct Point {
    var x: Int64 = 0
    let y: Int64 = 0
}
main():Unit {
    var p1 = Point()
    p1.x = 10                      //正确, x 可变
    p1.y = 20                      //错误, y 不可变
    let p2 = Point()
    p2.x = 10                      //错误, p2 不可变, 因此 x 也不可变
    p2.y = 20                      //错误, p2 和 y 都不可变
}
```

3. mut 函数

结构类型主要用来表示数据, 其成员变量默认具有包内可见性, 因此一般通过构造函数初始化实例的成员变量, 然后通过实例名和分量运算符 (.) 加成员变量的方式读或写成员变量。如果要通过成员函数修改成员变量值, 则需要使用 mut 关键字修饰成员函数, 示例代码如下:

```
//ch06/proj0609/src/main.cj
struct Point {
    var x: Int64
    var y: Int64
    init(){
        x = 0
        y = 0
    }
    func setX(x:Int64){
        this.x = x                 //错误, setX 不是 mut 函数
    }
    mut func setY(y:Int64){        //mut 关键字是单词 mutable 的缩写
        this.y = y
```

```
    }
}
main() {
    var p = Point()              //构造函数可以写成员变量
    p.setX(10)                   //错误，setX 不是 mut 函数
    p.setY(20)                   //正确
}
```

备注：关键字 mut 是英文单词的 mutable 的缩写，其意思是可变的、会变的。

6.1.5 结构定义限制

结构类型定义必须是全局的，结构类型定义只能位于源文件顶层，而不能定义在函数、类等新作用域内，示例代码如下：

```
struct Line {
    record Point {               //错误，不能嵌套定义
        var x: Int64 = 0
        let y: Int64 = 0
    }
    var begin: Point
    var end: Point
}
func fun(){
    record Point {               //错误，不能定义在函数内
        var x: Int64 = 0
        let y: Int64 = 0
    }
}
```

结构类型不能嵌套定义，但是记录中的成员变量的类型可以是别的记录类型，示例代码如下：

```
struct Point {
    var x: Int64 = 0
    let y: Int64 = 0
}
struct Line {
    var begin: Point             //可以使用 Point 类型
    var end: Point               //可以使用 Point 类型
}
```

结构类型定义时，不能直接或间接地递归引用自身类型，示例代码如下：

```
struct Type1 {
    let other: Type1             //错误，不能递归使用
}
struct Type2 {
```

```
    let other: Type3              //错误，使用了 Type3，然后在 Type3 中又使用了本类型
}
struct Type3 {
    let other: Type2              //错误，间接递归
}
```

6.2　枚举类型

　　枚举类型一般用在有限种可能值的情形，尽管不同语言中的枚举类型的表达和使用方式有所差异，但是一般的高级编程语言都支持自定义枚举类型。仓颉语言中的枚举类型可以理解为函数式编程语言中的代数数据类型（Algebraic Data Types）。下面介绍枚举类型的定义、使用及模式匹配，同时介绍一个特殊的枚举类型 Option 类型。

6.2.1　枚举类型的基本用法

1. 定义枚举类型

　　定义枚举类型采用的关键字是 enum，定义时需要把枚举类型的取值一一列出，枚举类型的值称为枚举类型的构造器（constructor）。定义枚举类型的一般形式如下：

```
enum 类型名{
    | 构造器 1 | 构造器 2 | ...| 构造器 n
}
```

下面定义一个代表 3 种颜色的 RGBColor 枚举类型：

```
enum RGBColor {
    | Red | Green | Blue
}
```

　　枚举类型体中可以定义若干构造器，多个构造器之间使用 | 分隔，第 1 个构造器之前的 | 可以省略。

　　上例中定义了一个名为 RGBColor 的枚举类型，它有 3 个构造器：Red、Green 和 Blue，分别表示 RGB 色彩模式中的红色、绿色和蓝色。仓颉语言中的枚举类型不能简单地理解为值类型，可以理解为函数式编程语言中的代数数据类型。

　　枚举中的构造器还可以携带若干参数，称为有参构造器，示例代码如下：

```
enum RGBColor {
    Red(UInt8) | Green(UInt8) | Blue(UInt8)
}
```

　　以上为 Red、Green 和 Blue 分别设置了一个 UInt8 类型的参数，在仓颉语言中，可以在同一个枚举类型中定义多个同名构造器，但是要求这些构造器的参数个数不同，规定没有参数的

构造器的参数个数为 0，示例代码如下：

```
enum RGBColor {
    | Red | Green | Blue
    | Red(UInt8) | Green(UInt8) | Blue(UInt8)
}
```

需要注意的是，枚举类型中的构造器不能重复，名称相同的构造器必须具有不同数量的参数，仅仅参数类型不同会被认为是重复的构造器，这一点和函数重载不同，示例代码如下：

```
enum RGBColor {
    | Red | Green | Blue
    | Red(UInt8) | Green(UInt8) | Blue(UInt8)
    | Red(UInt32)            //错误，提示 Red 重复
}
```

2. 定义枚举类型变量

枚举类型定义之后，便可以创建相应的枚举类型变量。由于仓颉语言中的枚举类型不是简单的值类型，一般将枚举类型的变量称为对应枚举类型的实例。枚举实例的取值只能是对应枚举类型中的一个构造器。由于枚举类型定义中没有构造函数，因此一般通过"类型名.构造器"或"构造器"来构造枚举实例，示例代码如下：

```
enum RGBColor {
    | Red | Green | Blue
    | Red(UInt8) | Green(UInt8) | Blue(UInt8)
}
let color1:RGBColor = RGBColor.Red      //通过类型名.构造器构造实例
let color2 = Green                       //通过构造器构造实例
let color3 = Blue(255)                    //通过构造器(参数)构造实例
```

在直接使用构造器构造枚举实例时，省略了枚举类型名，此时要求构造器的名字不能和其他类名、变量名、函数名冲突，否则需要加上枚举类型名以便区分。

在采用无参构造器构造枚举实例时，枚举实例更像是一种数值类型，但是必须说明的是，枚举类型的值不是数值类型，不能直接进行比较，示例代码如下：

```
if (color1 == RGBColor.Red){             //错误，不能直接判断相等
    println("color1 is red")
}
```

在采用有参构造器构造枚举实例时，构造类似调用了构造函数，但不同于构造函数，有参数的枚举类型的构造器主要是为了模式匹配时携带参数。

3. 使用枚举变量

枚举类型变量可以进行赋值，和记录类似，枚举实例也是值类型，示例代码如下：

```
//ch06/proj0610/src/main.cj
```

```
enum RGBColor {
    Red | Green | Blue | Red(UInt8) | Green(UInt8) | Blue(UInt8)
}
main() {
    var c1: RGBColor
    c1 = RGBColor.Red   //通过构造器赋值
    let c2 = c1          //枚举变量之间赋值
    c1 = Green           //通过构造器赋值，注意 c2 没有变
}
```

对于枚举变量，通常通过判断其构造器执行不同的操作，通过 match 进行模式匹配。如果只是判断枚举的常量值，则可以使用 match 表达式和常量模式实现，示例代码如下：

```
//ch06/proj0611/src/main.cj
enum RGBColor {
    Red | Green | Blue
}

main():Unit {
    let c = RGBColor.Red
    let r = match(c) {
        case Red => "红色"        //匹配 Red
        case Green => "绿色"
        case Blue => "蓝色"
    }
    println(r)                    //输出红色
}
```

对于有参构造器，使用 match 表达式匹配时，可以解构出有参构造器中参数的值，示例代码如下：

```
//ch06/proj0612/src/main.cj
enum RGBColor {
    Red(UInt8) | Green(UInt8) | Blue(UInt8)
}
main() {
    let c = Red(255)
    let s = match(c) {
        case Red(e) => "红: ${e}"
        case Green(e) => "绿: ${e}"
        case Blue(e) => "蓝: ${e}"
    }
    println(s)        //输出红: 255
}
```

需要注意的是，在进行模式匹配时，match 中的 case 必须覆盖枚举类型的所有可能情况，否则会提示错误，示例代码如下：

```
//ch06/proj0613/src/main.cj
enum RGBColor {
    Red | Green | Blue | Red(UInt8) | Green(UInt8) | Blue(UInt8)
}
main():Unit {
    let c = RGBColor.Red
    let r = match (c) {          //提示错误，match 中 case 没有覆盖所有情况
        case Red => "红色"
        case Green => "绿色"
        case Blue => "蓝色"
    }
}
```

6.2.2 枚举类型的更多用法

枚举类型只能定义在源文件顶层，不能在函数、类等引入的新作用域内定义。

枚举体中不能定义成员变量，不能出现构造器、成员函数、静态函数、成员属性之间的重名现象，示例代码如下：

```
//ch06/proj0614/src/main.cj
main(){
    enum RGBColor {              //错误，不能定义在函数内
        Red | Green | Blue
        public func Red(){        //错误，和 Red 重名
        }
        var v2:Int64              //错误，不能有成员变量
        static var v2:Int64       //错误，不能有静态成员变量
    }
}
```

在枚举类型体中，可以定义一系列成员函数、静态函数、操作符函数和成员属性等，它们的基本用法和记录类型中的用法类似，示例代码如下：

```
//ch06/proj0615/src/main.cj
enum RGBColor {
    Red | Green | Blue
    public func test1(){
        println("test1")
    }
    public static func test2(){
        println("test2")
    }
}
main() {
    let c = RGBColor.Red
    c.test1()                    //调用成员函数
```

```
    RGBColor.test2()                    //调用静态成员函数
}
```

在仓颉语言中，枚举支持递归定义。下面定义了一种表达式类型，即 Expr。此表达式只能有 3 种形式：单独的一个数字 Num，携带一个 Int64 类型的参数，携带两个 Expr 类型的参数加法表达式 Add，携带两个 Expr 类型的参数减法表达式 Sub。Add 和 Sub 两个构造器的参数递归地使用了 Expr 自身，示例代码如下：

```
//ch06/proj0616/src/main.cj
enum Expr {
    | Num(Int64)
    | Add(Expr, Expr)           //递归
    | Sub(Expr, Expr)           //递归
}
main(){
    var a = Expr.Num(6)
    var b = Expr.Num(9)
    var c = Expr.Add(a,b)
    var d = Expr.Sub(b,c)
}
```

6.2.3　Option 类型

Option 类型是仓颉内置的类型，通过 enum 定义枚举类型，称为可选类型。它包含两个构造器：Some 和 None，其中，Some 携带一个参数，表示有值，None 不带参数，表示无值。当需要表示某种类型可能有值，也可能没有值时，可选择使用 Option 类型。Option 类型的定义如下：

```
enum Option<T> {
    | Some(T)
    | None
}
```

在 Option 枚举类型定义中，包含了一个泛型参数 T，T 可以代表任意类型，因此 Option 并不仅代表一种枚举类型，在 T 取不同的类型时，Option<T>即代表对应类型 T 的枚举类型。关于泛型后面还会介绍。

在 Option 枚举类型中，Some 构造器的参数类型就是类型形参 T，当 T 被具体化为不同的类型时，会得到不同的 Option 枚举类型，如 Option<Int64>、Option<String>等。

Option 枚举类型还有一种简单的写法，即在类型名前加问号（?）。对于任意类型 Type，?Type 等价于 Option<Type>，如?Int64 等价于 Option<Int64>。Option 类型使用时必须能够确定泛型 T 的类型，示例代码如下：

```
let a: Option<Int64> = Some(60)
```

```
let b: ?Int64 = Some(80)
let c: Option<String> = Some("good")
let d: ?String = None
let e = Option.Some(50)
let f = Option<Int64>.None
let g = Some(3.6)                    //g 为 Option<Float64>类型
let h = None                         //错误，不能推定 T 的类型
let j:Option<Int64> = g              //错误，j 和 g 类型不一致
```

对应任意类型 T，T 和 Option<T>是不同的类型，但是当明确知道某个位置需要的是 Option<T>类型的值时，可以直接传一个 T 类型的值，编译器会用 Option<T>类型的 Some 构造器将 T 类型的值封装成 Option<T>类型的值，示例代码如下：

```
let a: Option<Int64> = 100
let b: ?Int64 = 100
let c: Option<String> = "good"
```

在上下文没有明确的类型要求时，无法使用 None 直接构造出想要的类型，此时应使用 None<T>这样的语法来构造 Option<T>类型的数据，示例代码如下：

```
let a = None<Int64>                  //a 为 Option<Int64>类型
let b = None<Bool>                   //b 为 Option<Bool>类型
```

采用 as 操作符可以将一个表达式的类型转换为指定的类型。as 操作返回的是一个 Option<T>类型。对于任意表达式 e 和任意类型 T，e as T 返回 Option<T>类型。当 e 的类型是 T 的子类型时，e as T 的值为 Option<T>.Some(e)，否则值为 Option<T>.None，示例代码如下：

```
open class Person {
    var name: String = "zhangsan"
}
class Student <: Person {             //继承自 Person
    var school : String = "ZUT"
}
let a = 1 as Int64                    //a = Option<Int64>.Some(1)
let b = 1 as String                   //b = Option<String>.None
let p1: Person = Person ()
let p2: Person = Student()
let s: Student = Student()
let r1 = p1 as Person                 //r1 = Option<Person>.Some(p1)
let r2 = p1 as Student                //r2 = Option<Student>.None
let r3 = p2 as Person                 //r3 = Option<Person>.Some(p2)
let r4 = p2 as Student                //r4 = Option<Student>.Some(p2)
let r5 = s as Person                  //r5 = Option<Person>.Some(s)
let r6 = s as Student                 //r6 = Option<Student>.Some(s)
```

在函数参数传递时，可以通过 as 进行类型转换，其他类型可以转换成函数参数指定的 Option<T>类型，示例代码如下：

```
//ch06/proj0617/src/main.cj
open class Person {
    var name: String = "zhangsan"
}
class Student <: Person {                    //继承自 Person
    var school : String = "ZUT"
}
class Other{
}
func test(stu:Option<Student>){              //Student 是子类
    let r = match (stu){
        case Some(T) =>  "Student"
        case None  => "Not Student"
    }
    println(r)
}
main() {
    test(Student())                          //输出 Student
    test(Person() as Student)                //输出 Not Student
    test(Other() as Student)                 //输出 Not Student
}
```

第7章

类 和 对 象

类和对象是面向对象编程中的基本概念，类是对象的抽象，对象是类的实例。在仓颉语言中，支持通过 class 定义类，类和结构有很多相似之处，但也有本质区别，其主要区别在于：类是引用类型，而结构是值类型；类之间可以继承，而结构不能继承。类更多地用来表现面向对象的特征，而结构更多地用来表示数据。

7.1 定义类

定义类的语法包括类定义关键字 class、类名、类定义体，类定义体由花括号括起来，里面可以有成员变量、成员属性、构造函数、成员函数、操作符函数等。定义类的基本形式如下：

```
class 类名 {
    成员变量
    成员属性
    构造函数
    成员函数
}
```

定义一个 Student 类的代码如下：

```
class Student {
    var name:String                      //成员变量
    var age:Int16
    init(name:String,age:Int16) {        //构造函数
        this.name = name
        this.age = age
    }
    func show() {                        //成员函数
        println("name=${name}, age=${age}")
    }
}
```

上例中定义了名为 Student 的类，它有两个成员变量 name 和 age，类型分别为 String 和 Int16，init 函数为构造函数，构造函数的主要功能是为类创建实例时进行初始化，show 为成员函数。

关于类的定义，有以下简要说明：

（1）自定义的类也是一种自定义类型，一般简称为类。

（2）类名在定义时要符合标识符命名规则。

（3）类只能定义在源文件顶层，不能定义在函数、类等新作用域内。

（4）类不能嵌套定义。

备注：类是面向对象程序设计的基本概念，类也是一种类型，可以称为类类型，但一般简称为类。在面向对象的程序设计语言中都支持类的定义，一般采用 class 关键字定义类，如 C++、Java、Python 中均使用 class 关键字定义类。

7.2　创建使用类对象

类一旦定义，就可以通过所定义的类创建类的对象，类的对象也称为类的实例或变量，可以通过前面创建的 Student 类定义一个 Student 对象，示例代码如下：

```
Student("张三",18)
```

通过以上方式创建的对象由于没有变量引用，在使用时很不方便，因此常常创建对象的引用变量来引用所创建的对象。可以通过前面创建的 Student 类定义一个 Student 类型的对象引用，示例代码如下：

```
var s:Student
```

以上声明中的 s 是一个引用变量，它可以引用一个 Student 类的对象，声明类的引用变量可以和创建类的实例同时进行，具体代码如下：

```
let s= Student("张三",18)
```

在仓颉语言中，类是一种引用类型，即通过类名声明的变量是一个引用，其内部并不包含对象/实例的成员变量，引用变量占用的内存空间很小，对象/实例占用的内存空间相对较大。当一个引用变量和特定对象/实例建立了联系时，称该引用变量引用了该对象/实例，由于一个引用变量任何时刻最多只能引用一个对象/实例，所以经常用引用代表被引用的对象/实例。对象的引用和对象/实例的关系如图 7-1 所示。

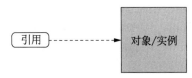

图 7-1　对象的引用和对象/实例的关系

创建了类实例之后，可以通过实例的引用访问它的实例成员变量和实例成员函数，访问成员可以通过成员访问运算符（.）进行，示例代码如下：

```
let s= Student("张三",18)
println(s.name)                    //使用成员变量
s.age = 19                         //修改成员变量
s.show()                           //调用 show 成员函数
Student("李四",19).show()           //匿名对象直接调用成员函数
```

在以上代码中 s 是 Student 类的实例的引用，真正的实例是由 Student("张三",18)创建的。可以将一个类的实例赋值给一个引用，也可以将一个引用赋值给另外一个引用，赋值过程不会对类实例进行复制，而只是复制引用值。多个引用变量可以同时引用同一个类的对象，当通过引用变量访问实例成员时，需要明确其引用的实际对象，示例代码如下：

```
//ch07/proj0701/src/main.cj
main() {
    let s1 = Student("张三", 18)      //创建对象
    var s2 = s1                       //定义 s2，s2 和 s1 引用同一对象
    var s3:Student                    //定义引用变量 s3
    s3 = s1                           //s3 和 s1 引用同一对象
    s2.age = 19                       //修改 s2 的成员变量
    s1.show()                         //输出：name=张三，age=19
    s2.show()                         //输出：name=张三，age=19
    s3.show()                         //输出：name=张三，age=19
    var s4:Student                    //定义引用变量 s4
    s4.show()                         //错误，s4 没有引用到对象
}
```

在以上代码中，s1、s2、s3 引用的是同一个实例，因此通过它们中的任意一个修改对象的数据时修改的都是同一个对象的内容，引用关系如图 7-2 所示。

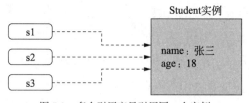

图 7-2　多个引用变量引用同一个实例

引用变量必须引用到具体的对象才能调用对象的成员，如在上面的代码中，由于 s4 没有引用到对象，所以在调用 show 成员函数时会报错。

备注：仓颉语言中的对象引用变量类似于 Java 或 Python 语言中的对象引用，类似于 C/C++ 语言中的指针。对象引用变量在没有引用（或指向）具体对象时，无法使用所引用（或指向）的对象的具体数据和方法。

定义类其实也是定义了一种类型，使用类类型和使用其他类型有很多相似之处，示例代码如下：

```
//ch07/proj0702/src/main.cj
main() {
    let b = Book()
    let s = Student("张三", 18)              //创建学生对象
    s.show()                                //输出学生信息
    s.read(b)                               //学生读书
}


class Student {                             //定义 Student 类
    var name:String                         //成员变量
    var age:Int16
    init(name:String,age:Int16) {           //构造函数
        this.name = name
        this.age = age
    }
    func show() {                           //成员函数
        println("name=${name},age=${age}")
    }
    func read(book:Book){                   //学生读书
        book.display()
        //看书操作
    }
}


class Book {                                //定义 Book 类
    var content:String = "This is something..."
    func display(){                         //成员函数
        println(content)
    }
}
```

7.3　类的成员

1. 成员变量

和结构类型相同，类的成员变量分为实例成员变量和静态成员变量，实例成员变量也可称为对象成员变量，静态成员变量也可称为类自身的成员变量。

对于实例成员变量，类的每个对象都独立占用内存空间，对象之间相互独立。实例成员变量通过类的实例访问。

静态成员变量是由 static 修饰的成员变量，故称为静态成员变量，静态成员变量在内存中只占用一份内存空间，只能通过类名访问。

实例成员变量在定义类时可以设置初始值，也可以不设置初始值。静态成员变量必须设置初始值，示例代码如下：

```
//ch07/proj0703/src/main.cj
class Point {//定义点
    var x: Int64 = 0              //带有初始值
    var y: Int64                  //没有设置初始值
    init() {
        y = 0                     //初始化 y
    }
    static var count: Int64 = 0
    static var flag: Int64        //错误，必须初始化
}
main() {
    var p = Point()
    Point.count = 1               //通过类名访问静态变量
    Point.x = 0                   //错误，不能通过类名访问实例成员变量
    p.x = 0
}
```

2. 构造函数

构造函数是类在创建实例时自动调用的函数，构造函数一般用于完成实例的初始化。

和结构类型相同，类中的构造函数分为普通构造函数和主构造函数。普通构造函数的名称为 init，主构造函数的名称和类名相同。

无论哪种构造函数都要求构造函数必须完成对所有未初始化的实例成员变量的初始化。如果构造函数的形参和成员变量名相同，则可以使用 this 区分。构造函数可以重载，示例代码如下：

```
class Point {                     //定义点 Point 类
    var x: Int64
    var y: Int64
    init(a:Int64,b:Int64) {       //普通构造函数
        x = a                     //初始化 x
        y = b                     //初始化 y
    }
    init() {                      //重载
        x = 0                     //初始化 x
        y = 0                     //初始化 y
    }
    init(x:Int64) {
        this.x = x                //形参 x 和成员变量 x 同名，加 this
        this.y = 0                //初始化 y
    }
    init(y:Int64) {               //错误，不构成重载
        this.y = y
```

```
                                    //错误，所有变量成员都要初始化
   }
}
```

和结构类型相同，主构造函数和类同名。主构造函数最多只能定义一个。主构造函数可以和普通构造函数形成重载，示例代码如下：

```
class Point {//定义点
   var x: Int64
   var y: Int64
   Point (a:Int64,b:Int64) {        //主构造函数
     x = a                          //初始化 x
     y = b                          //初始化 y
   }
   init() {                         //和主构造函数形成重载
     x = 0                          //初始化 x
     y = 0                          //初始化 y
   }
   init(x:Int64,y:Int64) {          //错误，和主构造函数重复冲突
     this.x = x
     this.y = y
   }
   Point (a:Int64) {                //错误，主构造函数只能定义一个
     x = a
     y = 0
   }
}
```

主构造函数除了可以像普通构造函数一样使用外，主构造函数还有通过参数直接创建成员变量的功能。

主构造函数的参数列表有两种形式：普通形参和成员变量形参，前者和普通函数的参数形式相同，后者需要在参数名前加上 let 或 var。主构造函数的成员变量形参具有定义成员变量的功能，示例代码如下：

```
//ch07/proj0704/src/main.cj
class Point {//定义点
   //无须再显式地定义成员
   Point (var x:Int64,var y:Int64) { //主构造函数，定义了 x 和 y 成员变量
   }
}
main() {
   let p = Point(0, 0)
}
```

主构造函数也可以有非成员变量参数，但要求成员变量参数必须放到非成员变量参数的后面。主构造函数可以简化类的定义，同时也容易忽视成员变量的存在，示例代码如下：

```
class Point {                        //定义点
    //无须再显式地定义成员
    Point (a:Int64,var x:Int64,var y:Int64) {
        println(a)                   //a是普通参数，a前面没有用 let 或 var 修饰
    }
    init() {
                                     //错误，提示 x 和 y 没有初始化
    }
}
```

如果类定义中没有显式地定义构造函数，包括普通构造函数和主构造函数，并且所有实例成员变量都有初始值，则编译器会自动生成一个无参构造函数。如果类定义中定义了构造函数，则编译器不会自动为类生成无参构造函数。例如，对于如下类定义，注释部分为编译器自动生成的无参构造函数代码。

```
class Rectangle {
    let width = 10
    let height = 20
    /* 自动生成的无参构造函数
    init() {
    }
    */
}
let r = Rectangle()
```

在上面的代码中，因为已经存在对成员变量 width 和 height 分别赋值 10 和 20 的初始化，所以在不传递参数的情况下构造对象时，自然以所赋的值为对象的成员变量的初始值。

类作为一种类型，其引用变量可以作为别的类的成员。当一个类的内部有别的类类型的成员变量时，同样需要对类类型的成员变量进行初始化，即需要初始化其内部的别的类的对象。需要注意的是，类是引用类型，在函数参数传递时只是传递了引用值，示例代码如下：

```
//ch07/proj0705/src/main.cj
class Point {//定义点
    var x: Int64
    var y: Int64
    init(a:Int64,b:Int64) {              //普通构造函数
        x = a                            //初始化 x
        y = b                            //初始化 y
        println("0 init is called in Point")
    }
}
class Line{                              //定义线，一条线段含有两个点
    var begin:Point                      //线段的起始点
    var end:Point                        //线段的结束点
    init(x1:Int64,y1:Int64,x2:Int64,y2:Int64) {  //根据4个坐标值构造线段
        begin = Point(x1,x2)             //初始化起始点
```

```
        end = Point(x2,y2)                          //初始化结束点
        println("1 init is called in Line")
    }
    init(begin:Point,end:Point) {                   //根据两个点构造线段
        this.begin = begin
        this.end = end
        println("2 init is called in Line")
    }
    init(line:Line){
        begin = line.begin                          //引用赋值
        end = line.end                              //引用赋值
        println("3 init is called in Line")
    }
}
main():Unit {
    var line1 = Line(0,0,10,10)                     //创建 Line1
    println("---------------")
    var line2 = Line(Point(10,10),Point(20,0))      //创建 Line2
    println("===============")
    var line3 = Line(line1)             //创建 line3，line3 和 line1 起始点是相同的点对象
    println("=-=-=-=-=-=-=")
    line1.begin.x = 1
    println(line1.begin.x)                          //输出 line1 的起始点 x，值为 1
    println(line3.begin.x)                          //输出 line3 的起始点 x，值为 1
}
```

以上代码定义了 Point 和 Line 两个类，在 Line 中包含了两个 Point 类类型的变量，分别是 begin 和 end，代表线的起始点。在 Line 中有 3 个构造函数，一个用 4 个坐标值构建线段，另一个用两个点构建线段，最后一个是通过线构建线段。在通过线构建线段的构造函数 init(line:Line)中，并没有创建新的起始点对象，赋值操作只是进行了引用赋值，因此 line3 和 line1 的起始点是相同的点对象。以上代码的输出结果是：

```
0 init is called in Point
0 init is called in Point
1 init is called in Line
---------------
0 init is called in Point
0 init is called in Point
2 init is called in Line
===============
3 init is called in Line
=-=-=-=-=-=-=
1
1
```

总之，仓颉程序设计语言要求必须在创建对象时对对象的所有实例成员变量完成初始化，

所以在定义类时需要存在构造函数，在构造函数不显式地定义时，需要对实例成员变量通过赋值表达式进行初始化，构造函数由编译器自动生成。

3. 成员函数

和结构类型相同，类的成员函数分为实例成员函数和静态成员函数。在类定义之外，实例成员函数只能通过实例访问，静态成员函数只能通过类名访问。静态成员函数通过 static 关键字进行修饰，示例代码如下：

```
//ch07/proj0706/src/main.cj
class Point {
    let x: Int64 = 0
    let y: Int64 = 0
    static var count = 0          //静态成员变量
    func printX() {               //实例成员函数
        println(this.x)           //this 可以省略
    }
    static func printCount() {    //静态成员函数
        println(count)
    }
}
main():Unit {
    let p = Point()
    p.printX()                    //正确
    Point.printCount()            //正确
    p.printCount()                //错误，实例不能访问静态成员
    Point.getX()                  //错误，记录类型不能访问实例成员函数
}
```

在类中，实例成员函数可以访问实例成员变量和静态成员变量，也可以调用实例成员函数和静态成员函数。静态成员函数可以访问静态成员变量，也可以调用静态成员函数，但不能访问实例成员变量，也不能调用实例成员函数，示例代码如下：

```
class Point {
    let x: Int64 = 0
    let y: Int64 = 0
    static var count = 0          //静态成员变量
    func printX() {               //实例成员函数
        println(x)
    }
    func printXY() {              //实例成员函数
        printX()                  //正确，调用实例成员函数
        println(y)                //正确，访问实例成员变量
        println(count)            //正确，访问静态成员变量
        addCount()                //正确，调用静态成员函数
    }
    static func addCount() {      //静态成员函数
```

```
        count++                          //正确，访问静态成员变量
        printCount()                     //正确，调用静态成员函数
    }
    static func printCount() {           //静态成员函数
        x = 100                          //错误，访问实例成员变量
        printX()                         //错误，调用实例成员函数
    }
}
```

类的静态成员变量和静态成员函数统称为类的静态成员，实例成员变量和实例成员函数统称为实例成员。静态成员是类所拥有的，实例成员是类的实例所拥有的。

静态数据成员在创建类时分配内存空间，实例成员变量则在类创建实例时才分配内存空间，二者在分配的时机上有所不同。

4. 抽象成员函数

在类中，实例成员函数可以没有函数体。实例成员函数根据其有没有函数体可以分为抽象成员函数和非抽象成员函数。抽象成员函数没有函数体，包含抽象成员函数的类称为抽象类，抽象类采用关键字 abstract 修饰，示例代码如下：

```
abstract class Shape {               //抽象类
    func draw(): Unit                //抽象成员函数
}
```

抽象类主要为了继承使用，抽象类不能创建实例，示例代码如下：

```
func name() {
    var s = Shape()                  //错误，Shape 是抽象类，不能实例化
}
```

7.4　可见性和写限制

1. 可见性

类的成员有 4 种可见性：公有（public）可见性、保护（protected）可见性、私有（private）可见性和缺省可见性。具有公有可见性的成员在类定义的内部和外部都可以直接访问；具有私有可见性的成员只有在类定义的内部才能直接访问；具有保护可见性的成员可以在所在包类定义内及其子类中直接访问；缺省可见性为包内可见，无修饰关键字。

和结构类型中的可见性不同，类的成员可见性增加了保护可见性。和结构类型中默认的可见性相同，类的成员可见性默认也是包内可见，示例代码如下：

```
//ch07/proj0707/src/main.cj
class Point {
    var x: Int64 = 0                  //默认为包内可见性
    protected var y: Int64 = 0        //y 为保护可见性
```

```
    private var  z:Int64 = 0          //z 为私有可见性
    func printYZ() {                  //默认为包内可见性
        println(y)                    //在类内，保护的 y 可见
        println(z)                    //在类内，私有的 z 可见
    }
}
main():Unit {
    let p = Point()
    p.printYZ()                       //printYZ 可见，可以访问
    p.x = 10                          //x 可见，可以访问
    p.y = 20                          //错误，y 为保护的，类外不可见
    p.z = 30                          //错误，z 为私有的，类外不可见
}
```

2. 写限制

在类定义中，采用 let 修饰的成员变量在初始化后不可再修改。通过 let 修饰的对象引用，初始化后也不能再引用别的实例，示例代码如下：

```
//ch07/proj0708/src/main.cj
class Point {
    var x: Int64 = 0
    let y: Int64 = 0
    func setX(x:Int64){               //不需要 mut 修饰
        this.x = x                    //成员函数，可以改写成员变量
    }
}
main():Unit {
    var p1 = Point()
    p1.x = 10                         //正确，x 可变
    p1.y = 20                         //错误，y 不可变
    let p2 = Point()                  //let 限制的是 p2 引用不能改写，即 p2 不能再引用别的对象
    p2.x = 10                         //正确，p2 不可变，p2 引用的点的 x 可变
    p2.setX(100)                      //正确，可以通过 setX 改变成员变量 x
    p2.y = 20                         //错误，y 不可变，因为由 let 修饰
    p2 = Point()                      //错误，p2 不能改变
}
```

和结构类型不同，类内不需要也不允许定义 mut 成员函数，类内的成员函数默认都可以修改成员变量。

第8章

继承和接口

8.1 继承

继承是面向对象程序设计的基本特征。通过继承可以复用已有类的代码，也可以扩充或改进已有类的功能。在仓颉程序设计语言中，结构不能继承，类可以继承。

8.1.1 定义派生类

在面向对象程序设计中，通过已有的类派生出新的类的过程称为继承。被继承的类称为父类，也称为基类或超类，派生出的新类称为子类，也称为派生类。

如果一个类 B 继承了另外一个类 A，则被继承的类 A 为父类，产生的新类 B 为子类。仓颉语言中类 B 通过继承类 A 进行定义的基本代码如下：

```
open class A{          //A 类必须是开放类，这里由 open 修饰
    //定义成员
}
class B <: A{          //B 类继承了 A 类
    //定义成员
}
```

通过继承定义新的类需要使用继承符号，继承符号为 "<:"。如在上面的代码中，B 类继承了 A 类。

仓颉程序设计语言语法要求父类必须是开放类，这样才可以被继承。所谓开放类是指类定义时由 open 关键字修饰的类，或在类中存在实例方法被关键字 open 修饰的类，示例代码如下：

```
open class Shape1{                          //形状类 1，此类是开放类，由 open 修饰
```

```
        private var color:String = "red"        //私有成员变量，颜色
        func getColor(){                         //实例成员函数，获得颜色
            return color
        }
    }
    open class Shape2{                            //形状类2，此类是开放类，有由open修饰的成员函数
        private var color:String = "green"       //私有成员变量，颜色
        open public func getColor(){             //实例成员函数，获得颜色，由open修饰
            return color
        }
    }
    class Shape3{                                 //形状类3，此类不是开放类
        private var color:String = "blue"        //私有成员变量，颜色
        func getColor(){                          //实例成员函数，获得颜色
            return color
        }
    }

    class Circle1 <: Shape1{                      //定义圆类1，继承了Shape1类
    }
    class Circle2 <: Shape2{                      //定义圆类2，继承了Shape2类
    }
    class Circle3 <: Shape3{                      //错误，Shape3不是开放类
    }
```

另外，因为抽象类默认是开放类，所以总是可以被继承的，示例代码如下：

```
    abstract class Shape {                        //抽象类，无须由open修饰
        func draw(): Unit                         //抽象成员函数，无函数体
    }
    class Circle <: Shape{                        //定义圆类，继承了Shape类
        func draw(): Unit{
            println("Draw Circle")                //实现了draw成员函数
        }
    }
```

子类继承父类后，子类中包含了所有父类的实例成员，包括实例成员变量和实例成员函数，示例代码如下：

```
    //ch08/proj0801/src/main.cj
    open class Shape1{                            //形状类1，此类是开放类，由open修饰
        private var color:String = "red"         //私有成员变量，颜色
        func getColor(){                          //实例成员函数，获得颜色
            return color
        }
    }
    class Circle1 <: Shape1{                      //定义圆类1，继承了Shape1类
    }
    func main(){
```

```
    let c:Circle1 = Circle1()           //c 拥有 color 变量和 getColor 函数
    println(c.getColor())               //输出 red
}
```

父类中的静态成员也会被子类继承，包括静态成员变量和静态成员函数。不过静态成员仍然只在父类中存在一份，但是可以通过子类名访问父类中的静态成员，示例代码如下：

```
//ch08/proj0802/src/main.cj
open class Shape{                        //形状类，此类是开放类，由 open 修饰
    static var count = 0                 //静态成员变量，用来记录 Shape 对象的数量
    static func getCount(){              //静态成员函数
        return count
    }
}
class Circle <: Shape{                   //定义圆类，继承了 Shape 类
}
main(){
    Circle.count = 6                     //count 可以访问
    println(Circle.getCount())           //输出 6
    println(Shape.getCount())            //输出 6，和上一行等价
}
```

由于子类继承了父类，所以子类的对象可以当作父类的对象使用，反之不然，示例代码如下：

```
//ch08/proj0803/src/main.cj
open class Shape{                        //形状类，此类是开放类，由 open 修饰
    private var color:String = "red"
}
class Circle <: Shape{                   //定义圆类，继承了 Shape 类
    private var radius:Float64 = 10.0    //半径
}
main(){
    let s:Shape = Circle()               //正确，圆可以当成形状
    let c:Circle = Shape()               //错误，形状不能当成圆
}
```

在仓颉语言中，只支持单继承，即一个类只能有一个父类，但是，仓颉语言允许实现多个接口，这一特点在接口部分说明。

在仓颉语言中，未定义继承关系的类默认继承于 Object 类，Object 类是所有类的父类，Object 没有更高层次的父类，并且其内部不包含任何成员。

备注：继承是面向对象程序设计的基本特征之一，继承和派生其实是由同一个问题的两个不同的观察角度得来，从子类角度看，子类继承于父类，从父类角度看，父类派生了子类。在有的高级编程语言中继承和扩展是一个概念，如 Java 中继承使用关键字 extends 实现，但在仓颉语言中继承和扩展是两个不同的概念。

8.1.2 继承中的构造函数

在子类继承父类过程中，父类的构造函数不会被继承，但是在构造子类的对象的同时需要构造从父类继承的内容，因此会调用父类的构造函数，示例代码如下：

```
//ch08/proj0804/src/main.cj
open class Shape{
    private var color:String = "red"
    init() {                            //父类的构造函数
        println("Shape init")
    }
}
class Circle <: Shape{                  //定义圆类，继承了 Shape 类
    private var radius:Float64 = 10.0   //半径
    init(){                             //子类的构造函数
        println("Circle init")
    }
}
main(){
    let c:Circle = Circle()             //构造子类对象
}
```

以上代码在构造 Circle 对象时，会首先调用其父类 Shape 的构造函数，然后才会调用 Circle 类的构造函数，以上代码的输出结果如下：

```
Shape init
Circle init
```

如果父类的构造函数需要参数，则需要为其传递参数，可以在子类的构造函数体内通过 super 调用父类的构造函数并为父类构造函数传递参数。super 调用只能写在构造函数的第 1 行，如果不存在 super 显式调用，子类实例构造时默认调用父类的无参构造函数，示例代码如下：

```
//ch08/proj0805/src/main.cj
open class Shape{
    private var color:String = "red"
    init(c:String) {                    //父类的构造函数，需要参数
        color = c
        println("Shape init")
    }
}
class Circle <: Shape{                  //定义圆类，继承了 Shape 类
    private var radius:Float64 = 10.0
    init(r:Float64,c:String){
        super(c)                        //调用父类的构造函数，传递参数 c
        println("Circle init")
    }
}
```

```
main(){
    let c:Circle = Circle(20.0 , "blue")        //构造子类对象
}
```

当存在多级继承关系时，在构造最底层的类的对象时，构造函数会从最顶层类的构造函数开始依次执行到最底层类的构造函数，示例代码如下：

```
//ch08/proj0806/src/main.cj
open class A {
    init() {
        println("A init")
    }
}
open class B <: A {
    init() {
        println("B init")
    }
}
class C <: B {
    init() {
        super()                    //super()默认可以省略
        println("C init")
    }
}
main() {
    let c: C = C()                 //构造子类对象
}
```

以上代码在构造 C 类的对象时，要求先构造继承于父类 B 的内容，因此会先调用 B 类的构造函数，而在构造 B 类的内容时，又要求先构造继承于父类 A 的内容，又会先调用 A 类的构造函数，因此构造函数的实际执行过程是依次执行 A 类的构造函数、B 类的构造函数、C 类的构造函数。以上代码的输出结果如下：

```
A init
B init
C init
```

8.1.3　访问权限

父类中的公有可见成员经过继承后，在子类中仍然具有公有可见性，即在子类内或子类外均可以直接访问，示例代码如下：

```
//ch08/proj0807/src/main.cj
open class Shape{                            //形状类，此类是开放类，由 open 修饰
    public static var count = 0              //公有静态成员变量
    init(){                                  //构造函数
```

```
        count++
    }
    public func getCount() {                //公有的成员函数
        return count
    }
}
class Rectangle <: Shape{                   //定义矩形类，继承于 Shape
}
main() {
    let rect: Rectangle = Rectangle()       //构造子类对象
    println(Rectangle.count)                //可以访问 count，输出 1
    println(rect.getCount())                //可以访问 getCount，输出 1
}
```

父类中的私有可见成员经过继承后，在子类中不可见，即在子类内不可以直接访问，但可以借助于父类的公有成员函数间接地访问，示例代码如下：

```
//ch08/proj0808/src/main.cj
open class Rectangle {                      //定义矩形类
    private var w:Int64 = 90                //私有
    private var h:Int64 = 60
    public func setWidth(width:Int64){      //公有可见性
        w = width
    }
    public func getWidth(){                 //公有可见性
        return w
    }
}
class RoundedRectangle <: Rectangle {       //定义圆角矩形，继承矩形
    private var corner:Int64 = 10
    public func setW(width:Int64){
        w = width                           //错误，w 在父类中是私有可见性，不能直接访问
    }
}
main() {
    let rrect: RoundedRectangle = RoundedRectangle()  //构造子类对象
    rrect.setWidth(100)//可以，setWidth 继承后仍然是公有的，这里间接访问了私有成员变量 w
    println(rrect.getWidth())               //可以，输出 100
    rrect.w = 100                           //错误，w 在父类中是私有可见性
}
```

父类中的保护成员在子类中仍然具有保护可见性，即在子类中可以直接访问继承的保护成员，即使在子类外，但仍在包内也可以直接访问保护成员。保护成员在没有继承时比私有成员访问权限扩大到了所在包，示例代码如下：

```
//ch08/proj0809/src/main.cj
open class RoundedRectangle {               //定义圆角矩形类
    protected var designer:String          //保护可见性，表示设计者
```

```
        init(name:String){
            designer = name
        }
}
class Button <:RoundedRectangle{          //定义按钮类
        init(name:String) {
            super(name)
        }
        func getDesigner(){
            return designer               //保护可见性成员继承后在子类中可以直接访问
        }
}
main() {
        let button:Button = Button("张三")  //构造子类对象
        println(button.getDesigner())
        button.designer = "李四"           //可见, 保护可见性本包内可以直接访问
}
```

8.1.4　重载、覆盖和重定义

　　子类中定义的成员函数可以和继承自父类的成员函数形成重载（overload），即可以在子类中定义和父类中相同名称但是参数不同的成员函数，示例代码如下：

```
//ch08/proj0810/src/main.cj
open class RoundedRectangle {             //定义圆角矩形类
        private var bgcolor = "gray"      //背景色，默认值为 gray
        func show(){                      //成员函数，显式功能
            println(bgcolor);             //输出背景色
        }
}
class Button <:RoundedRectangle{          //定义按钮类
        private var text="按钮"
        func show(translated:Bool){       //成员函数，和父类中的 show 形成重载
            if(!translated){
                super.show()              //调用父类中的 show
            }
            println(text);
        }
}
main() {
        let button:Button = Button()      //构造子类对象
        button.show()                     //调用的是父类中的 show
        button.show(false)                //调用的是子类重载的 show
}
```

　　覆盖（override）是子类中定义了和父类中的同名非抽象实例成员函数，并且不形成重载，

即在子类中为父类中的某个实例成员函数定义新的实现。

覆盖时，要求父类中的成员函数使用 open 修饰，子类中的同名函数使用 override 修饰。也就是说，只有 open 修饰的成员函数在子类中才可以被覆盖。被覆盖的成员函数在调用时会根据具体的对象进行动态绑定，以便调用对应的成员函数，示例代码如下：

```
//ch08/proj0811/src/main.cj
class RoundedRectangle {              //定义圆角矩形类
    private var bgcolor = "gray"
    open func show(){                 //由 open 修饰
        println(bgcolor);
    }
}
class Button <:RoundedRectangle{      //继承
    private var text="按钮"
    override func show(){             //覆盖，override 关键字可省略
        super.show()
        println(text);
    }
}
main() {
    let rrect:RoundedRectangle = RoundedRectangle()   //构造圆角矩形
    let button1:RoundedRectangle = Button() //构造按钮，圆角矩形引用变量引用按钮
    let button2:Button = Button()            //构造按钮
    rrect.show()                             //调用 RoundedRectangle 中的 show
    button1.show()                           //调用 Button 中的 show
    button2.show()                           //调用 Button 中的 show
}
```

重定义是指在子类中重定义父类中的同名非抽象静态成员函数，即在子类中为父类中的某个静态函数定义新的实现。在子类中，父类的静态函数不能被覆盖，但可以被重新定义。重定义要求子类中的同名静态函数使用关键字 redef 修饰，示例代码如下：

```
//ch08/proj0812/src/main.cj
open class Shape{
    public static func getCount() {          //静态成员函数
        println("Shape getCount")
    }
}
class Rectangle <: Shape{                     //继承于 Shape
    public redef static func getCount() {     //重定义 getCount，redef 可省略
        println("Rectangle getCount")
    }
}
main() {
    Shape.getCount()                          //调用 Shape 中的 getCount
    Rectangle.getCount()                      //调用 Rectangle 中的 getCount
```

```
}
```

备注：关键字 redef 是 redefine 的缩写，可翻译成重新定义或重定义。

8.2 接口

接口（interface）在面向对象程序设计中是一种能力的抽象，接口是实现面向对象多态性的重要手段，一般的面向对象语言都支持接口。接口是定义的抽象类型，它不包含数据，但可以定义行为。仓颉语言支持接口。

8.2.1 定义接口

在仓颉语言中，定义接口的关键字是 interface，定义接口的一般形式如下：

```
interface 接口名{
    //接口能力
}
```

在接口定义中，可以包含成员函数、操作符重载函数和成员属性（这里不是成员变量，参见属性）。接口中的成员函数没有函数体，示例代码如下：

```
interface Usb{
    func readData():String        //成员函数，没有函数体
    operator func [](i:Int64):Unit //[]操作符重载
    prop let version: Int64        //属性
}
```

接口往往代表的是能力，接口定义时规定了相应能力的成员函数签名，示例代码如下：

```
interface  Flyable
{
    func fly(): Unit              //飞能力
    func fall():Unit              //落能力
}
```

接口中的方法一般没有函数体，即没有具体的功能实现，所以接口一般是为了继承或实现，实现接口必须实现接口中的所有成员函数，示例代码如下：

```
class Airplane <: Flyable {       //实现接口 Flyable
    func fly(): Unit {            //实现飞能力
        println("飞机起飞")
    }
    func fall() {                 //实现落能力
        println("飞机降落")
    }
}
```

```
class Bird <: Flyable {
    public func fly(): Unit {
        println("小鸟飞")
    }
    func fall() {
        println("小鸟落地")
    }
}
```

接口是一种抽象类型，不能使用接口创建对象，但是可以使用接口声明引用变量，以方便引用接口的子类型实例，示例代码如下：

```
//ch08/proj0813/src/main.cj
main() {
    var airplane = Airplane()
    var bird = Bird()
    var it:Flyable                    //定义接口引用变量
    it= airplane                      //引用飞机对象
    it.fly()
    it = bird                         //引用小鸟对象
    it.fly()
}
```

接口中的成员函数可以是静态的，静态成员函数只有当被实现了具体的函数体后才能进行调用，示例代码如下：

```
//ch08/proj0814/src/main.cj
interface Comparable {                //可以比较类型接口
    static func typename(): String
}
class Real <: Comparable {            //实数可以比较
    public static func typename(): String {
        "Real"
    }
}
class Student <: Comparable {         //学生可以比较
    public static func typename(): String {
        "Student "
    }
}
main() {
    println(Real.typename())          //正确，输出 Real
    println(Student.typename())       //正确，输出 Student
    println(Comparable.typename())    //错误，抽象方法不能直接调用
}
```

接口中的成员默认都是被 public 修饰的，因此不需显式地加 public 修饰，也不能加其他可见性修饰。同时也要求实现接口的类，在实现接口的成员函数时必须具有 public 可见性，示例

代码如下:

```
interface I {
    func f1(): Unit
    func f2(): Unit
    public func f3(): Unit         //错误，不能加 public
    protected func f4(): Unit      //错误，不能加 protected 或 private
}
class C <: I {
    protected func f1() {}         //错误，不能是非 public 可见性
    private func f2() {}           //错误，不能是非 public 可见性
}
```

8.2.2　接口继承

接口可以继承别的接口，以扩充接口的能力。一个接口可以同时继承一个或多个接口，在继承多个接口时，应使用&分隔多个父接口，示例代码如下:

```
interface Addable {                //可进行加运算
    func add(i: Int64): Int64
}
interface Comparable {        //可进行比较运算
    func compareTo(num: Int64): Bool

}
//继承两个接口
interface Calculable <: Addable & Comparable {    //运算能力接口
    func mul(i: Int64): Int64
}
```

类可以继承接口，以实现接口提供的能力。一个类可以同时继承一个或多个接口，当继承多个接口时，应使用&分隔多个接口。继承接口的类可以实现全部的接口中的成员函数，也可以实现接口中的部分成员函数。如果只实现了接口的部分成员函数，则类必须被定义成抽象类，示例代码如下:

```
abstract class AbsInt <: Calculable {
    var value: Int64 = 0
    func compareTo(num: Int64)(): Bool {
        value > num
    }
    //还有两个函数没有实现函数体
}
```

接口和抽象类都不能进行实例化，在继承接口和抽象类时，子类只有在实现了继承的所有抽象成员函数后才能实例化对象。

备注：在仓颉语言中，定义类时不支持继承多个类，但可以继承多个接口。类似于 Java 语言中的继承类和实现接口，Java 中继承类采用了 extends 关键字，实现接口采用了 implements，而仓颉语言中继承类和接口均使用了 <: 符号。C++和 Python 中均支持多继承。

8.2.3　接口实现

接口实现就是为接口中的所有的成员函数提供函数体的具体实现。接口提供了成员函数的签名规范，为接口实现提供了统一的函数名及参数声明。

在仓颉语言中，所有的类型都可以实现接口，包括数值类型、Char、String、struct、class、enum、Tuple、函数等。

类型实现接口一般有两种途径：

（1）在定义类型时声明实现接口，即通过继承接口，然后实现接口中的所有成员函数。

（2）通过扩展实现接口，即采用 extend 关键字，在扩展已有类型能力的同时实现接口。关于扩展后续会专门介绍。

备注：在仓颉语言中，继承和扩展是两个不同的概念，关于扩展后续会专门介绍。和 Java 语言不同，在 Java 语言中继承就是扩展，C++语言中没有扩展的概念，Python 语言中扩展非常灵活。

在定义类型实现接口时，需要实现接口中所要求的所有成员，包括间接继承于其他接口的成员，示例代码如下：

```
interface Addable {                              //可进行加运算
    func add(i: Int64): Int64
}
interface Comparable {                           //可进行比较运算
    func compareTo(num: Int64): Bool
}
//继承两个接口
interface Calculable <: Addable & Comparable {   //运算能力接口
    func mul(i: Int64): Int64
}
class MyInt <: Calculable {                       //实现接口
    var value: Int64 = 0
    func compareTo(num: Int64)(): Bool {          //实现比较
        value > num
    }
    func add(i: Int64): Int64{                     //实现加运算
        value + i
    }
    func mul(i: Int64): Int64{                      //实现乘运算
```

```
        value * i
    }
}
```

定义类型实现接口时，要求实现的成员函数和操作符重载函数签名必须和接口中的相同，即要求函数名相同，返回类型相同，参数列表和对应类型相同。对于成员属性，也要求属性名及类型和被实现的接口中的相同，包括 let/var 的声明关键字也要保持一致，示例代码如下：

```
class YourInt <: Calculable {              //实现运算能力接口
    var value: Int64 = 0
    func compareTo(num: Int64)(): Bool {    //正确，实现比较运算
        value > num
    }
    protected func add(i: Int64): Int64{    //错误，多了 protected
        value + i
    }
    func mul(): Float64{
        //错误，参数和返回值都不一致，相当于定义了一个新成员函数，没有完全实现接口
        value * value
    }
}
```

如果接口中的成员函数或操作符重载函数的返回值类型是 class 类型，则允许在实现函数时返回类型是其子类型，示例代码如下：

```
open class Base {}
class Sub <: Base {}
interface I {
    func f(): Base                          //返回为 Base 类型
}
class C <: I {
    public func f(): Sub {                   //返回为 Sub 类型，此类型是 Base 的子类
        Sub()
    }
}
```

接口中的成员函数本身可以提供默认实现。当一个类实现继承拥有默认实现的接口时，该类可以不用再次实现相应的成员，而可以采纳默认实现，也可以重新实现，示例代码如下：

```
//ch08/proj0815/src/main.cj
interface Watermark {
    func showWatermark() {                   //默认实现
        println("©仓颉")
    }
}
```

```
class C1 <: Watermark {                          //没有重新实现 showWatermark
}
class C2 <: Watermark {
    func showWatermark() {                       //重新实现 showWatermark
        println("©C2")
    }
}
main():Unit{
    var c1 = C1()
    var c2 = C2()
    c1.showWatermark()                           //输出 ©仓颉
    c2.showWatermark()                           //输出 ©C2
}
```

当一个类在实现多个接口时，如果多个接口中包含相同的成员的默认实现，则会发生多重继承冲突，冲突是因为无法选择最适合的实现，这时接口中的默认实现会失效，需要类提供自己的重新实现，示例代码如下：

```
interface I1 {
    func fun() {
        "test1"
    }
}
interface I2 {
    func fun() {
        "test2"
    }
}
class C <: I1 & I2 {
    public func fun() {    //必须重新实现，否则冲突
        "C test"
    }
}
```

需要注意的是，接口中的默认实现只对类型是 class 的实现类型有效，而对其他类型无效。

8.2.4　Any 接口

在仓颉语言中，接口也是类型，语言本身提供了一个代表任意接口的类型，即 Any 接口。Any 接口是一个内置的接口，它的定义如下：

```
interface Any {}
```

在仓颉语言中，所有接口都默认继承自 Any 接口，所有非接口类型都默认实现 Any 接口，

因此可以说所有类型都是 Any 类型的子类型。Any 可以代表任意类型。

　　Any 类型的变量可以采用任意类型赋值，Any 类型的变量可以引用任意对象，示例代码如下：

```
//ch08/proj0816/src/main.cj
main() {
    var any: Any
    any = 1
    any = 2.0
    any = "something"
    any = Circle()          //假设 Circle 类已定义
}
```

第9章

类 型 关 系

多态是面向对象程序设计的基本特征之一，类型自动识别和转换是多态的主要表现形式之一。为了在仓颉语言程序设计中更好地运用多态，需要理解仓颉语言中的类型关系。

9.1 类和子类型

当存在直接继承关系时，子类为父类的子类型。例如在下面的代码中，Circle 为 Shape 的子类型。

```
open class Shape {}
class Circle <: Shape {}
```

当存在间接继承关系时，子类为父类的子类型，也是父类的父类的子类型。例如在下面的代码中，CircleButton 是 Circle 的子类型，也是 Shape 的子类型。

```
open class Shape {}
open class Circle <: Shape {}
class CircleButton <: Circle {}
```

所有的类都是 Object 类的子类型。在仓颉语言中，内置定义了一个 Object 类，默认 Object 类是所有类的父类。

通过 is 表达式可以判断一个实例是不是某种类型。对于表达式 e is T，如果 e 是 T 或 T 的子类型，则该表达式的结果为 true，否则表达式的结果为 false，示例代码如下：

```
//ch09/proj0901/src/main.cj
open class Shape {}
open class Circle <: Shape {}
class CircleButton <: Circle {}
main():Unit {
```

```
    var obj = CircleButton()
    println(obj is CircleButton)        //输出 true
    println(obj is Circle)              //输出 true
    println(obj is Shape)               //输出 true
    println(obj is Object)              //输出 true
    if (obj is Any) {
        println("true")                 //输出 true
    }
}
```

9.2 接口和子类型

当接口之间存在直接类继承关系时，子接口为父接口的子类型。例如在下面的代码中，IB 为 IA 的子类型。

```
interface IA {}
interface IB <: IA{}                    //IB 是 IA 的子类型
```

当存在间接继承关系时，子接口为父接口的子类型。例如在下面的代码中，IC 是 IB 的子类型，IC 也是 IA 的子类型。

```
interface IA {}
interface IB <: IA{}
interface IC <: IB{}                    //IC 是 IB 和 IA 的子类型
```

在仓颉语言中，所有的接口类型都是 Any 接口类型的子类型。仓颉语言内置定义了一个 Any 接口，默认所有的接口都继承了 Any 接口。

在仓颉语言中，所有的类的类型都是 Any 接口类型的子类型。所有的类默认实现了 Any 接口。

当一个类 C 实现了接口 I，则 C 是 I 的子类型，示例代码如下：

```
//ch09/proj0902/src/main.cj
interface I {}
class C <: I{}
main():Unit {
    var obj = C()
    println(obj is I)                   //输出 true
}
```

类和接口的子类型关系同样适用于元组，示例代码如下：

```
open class C1 {}
class C2 <: C1 {}
open class C3 {}
class C4 <: C3 {}
let t1: (C1, C3) = (C2(), C4())         //C2 是 C1 的子类型，C4 是 C3 的子类型
let t2: (C1, Any) = (C2(), C4())        //C2 是 C1 的子类型，C4 是 Any 的子类型
```

在仓颉语言中，以下的子类型关系是永远成立的：

（1）一种类型 T 永远是自身的子类型。

（2）Nothing 类型永远是其他任意类型 T 的子类型。

（3）任意类型 T 都是 Any 类型的子类型。

（4）任意 class 定义的类型都是 Object 的子类型。

9.3　函数使用中的子类型

在函数调用时，当函数的形式参数需要一个父类型引用时，可以传递子类型的引用，示例代码如下：

```
//ch09/proj0903/src/main.cj
open class Person{
    func say(){
        println("say...")
    }
}
class Student<:Person{
    func coding(){
        println("coding...")
    }
}
func test1(p: Person){
    p.say()
}
main(){
    test1(Student())            //可以传入子类型
}
```

在函数返回时，当函数声明的返回值类型是一个父类型的引用时，可以在函数体内返回子类型的引用，示例代码如下：

```
//ch09/proj0904/src/main.cj
open class Person{
    func say(){
        println("say...")
    }
}
class Student<:Person{
    func coding(){
        println("coding...")
    }
}
func test2():Person{
```

```
        Student()                      //返回子类型
    }
main(){
    let s = test2()                    //s 是 Person 类型
    s.say()                            //可以
    s.coding()                         //错误，s 是 Person 类型，所以不能 coding
}
```

在仓颉语言中，函数本身也有类型，函数的类型由其参数和返回类型共同决定，示例代码如下：

```
func fun1(): String {              //该函数的类型为()->String
    "ok"
}
func fun2(a: Int64): Char {        //该函数的类型为(Int64)->Char
    'a'
}
```

函数类型之间也存在类型和子类型关系。

对于形式参数相同的函数，如果返回类型为子类型，则函数类型也为子类型。例如在下面的代码中，如果 Student 是 Person 的子类型，则 fun4 对应的函数类型是 fun3 对应的函数类型的子类型。

```
func fun3(a:Int64): Person{        //该函数的类型为(Int64)->Person
    //返回 Person
}
func fun4(a:Int64): Student {      //该函数的类型为(Int64)->Student
    //返回 Student
}
```

对于返回值类型相同的函数，如果形式参数为子类型，则函数类型为相反的子类型。例如在下面的代码中，如果 Student 是 Person 的子类型，则 fun5 对应的函数类型是 fun6 对应的函数类型的子类型。

```
func fun5(p:Person):Unit{          //该函数的类型为(Person)->Unit
    //返回
}
func fun6(s:Student):Unit{         //该函数的类型为(Student)->Unit
    //返回
}
```

一般来讲，给定两个函数类型 (U1) -> S1 和 (U2) -> S2，(U1) -> S1 是 (U2) -> S2 的子类型当且仅当 U2 是 U1 子类型且 S1 是 S2 的子类型。

当使用函数类型作为参数时，使用该函数类型对应的子类型作为实参也是可以的，示例代码如下：

```
//ch09/proj0905/src/main.cj
```

```
open class U1 {}
class U2 <: U1 {}
open class S2 {}
class S1 <: S2 {}
func f(a: U1): S1 {
    println("f")
    S1()
}
func g(a: U2): S2 {
    println("g")
    S2()
}
func h(lam: (U2) -> S2){          //参数是 g 的类型
    lam(U2())
}
main(): Unit {
    h(g)                          //参数类型一致
    h(f)                          //f 的类型是 g 的子类型
}
```

以上代码定义了两个函数 f 和 g，f 的类型 (U1) -> S1，g 的类型是 (U2) -> S2，f 是 g 的子类型，所以代码中用到 g 的地方都可以采用 f。

9.4　类型转换和类型判断

在仓颉语言中，对类型要求比较严格，不同类型之间的转换需要显式地进行，不支持隐式转换。仓颉语言规定子类型天然属于父类型，所以子类型到父类型不需要类型转换。不同类型间有时必须进行类型转换，这里介绍一些不同类型之间的转换方法。

9.4.1　数值类型之间的转换

在仓颉语言中，数值类型包括整型和浮点型，不同的数值类型被认为是不同的类型。整型有 Int8、Int16、Int32、Int64、IntNative、UInt8、UInt16、UInt32、UInt64、UIntNative。浮点型有 Float16、Float32、Float64。仓颉语言支持使用类型表达式的方式把指定表达式的值强制转换为新的类型值。类型表达式的基本形式如下：

```
T(e)
```

其中，T 为要转换的目标类型，表达式 e 为数值结果类型表达式，T 可以为任意一种数值类型，示例代码如下：

```
//ch09/proj0906/src/main.cj
main() {
    var a: Int8 = 10
```

```
    var b: Int32
    var f: Float32
    b = Int32(a)                    //类型转换
    println(a is Int32)             //输出 false，a 的类型没变
    println(b)                      //输出 10
    f = Float32(b)                  //类型转换
    println(b is Float32)           //输出 false，b 的类型没变
    println(f)                      //输出 10.000000
}
```

9.4.2 字符和整型之间的转换

字符量在存储上采用的是 Unicode 编码，一个字符的 Unicode 对应一个整数，因此仓颉提供了 Char 和 UInt32 类型之间的相互转换函数。从 Char 到 UInt32 的转换可以在字符前面加上 UInt32 进行强制类型转换、转换返回一个 UInt32 类型的值，即返回的是字符的 Unicode 编码对应的整数值。从 UInt32 到 Char 的转换可以在整数前加上 Char 进行强制类型转换，转换返回一个 Char 类型的字符。借助于整型之间的转换，字符类型可以和任意整数类型之间进行转换，示例代码如下：

```
//ch09/proj0907/src/main.cj
main() {
    var x: Char = 'a'
    var y: UInt32
    var z: Int8
    y = UInt32(x)                   //字符转 UInt32
    z = Int8(UInt32(x))             //字符转 Int8
    println(y)                      //输出 97
    println(z)                      //输出 97
    x = Char(UInt32(98))            //整数转字符
    println(x)                      //输出 b
}
```

9.4.3 is 和 as 表达式

仓颉语言支持使用 is 表达式来判断某个表达式的类型是否是指定的类型。is 表达式的基本结构是 e is T，其含义为判断表达式 e 的值是否是 T 类型，当 e 表达式值的类型为 T 或 T 的子类型时，表达式 e is T 的值为 true，否则表达式的值为 false，示例代码如下：

```
//ch09/proj0908/src/main.cj
open class Person {
    var name: String = "zhangsan"
}
class Student <: Person {
```

```
        var school : String = "ZUT"
}
main() {
    var stu:Student = Student()
    println(stu is Student)          //输出 true
    println(stu is Person)           //输出 true, 因为 Student 是 Person 的子类

    println(Person() is Student)     //输出 false
    println(1 is Int32)              //输出 false
    println('a' is String)           //输出 false
}
```

仓颉语言支持使用 as 表达式将某个表达式的类型转换为指定的类型。由于转换不一定都会成功，所以 as 表达式的返回类型为 Option 类型。as 表达式的基本结构为 e as T，其含义是将 e 转换成 T 类型，当 e 的类型是 T 的子类型时，表达式 e as T 的值为 Option<T>.Some(e)，否则表达式 e as T 的值为 Option<T>.None，示例代码如下：

```
//ch09/proj0909/src/main.cj
open class Person {
    var name: String = "zhangsan"
}
class Student <: Person {
    var school : String = "ZUT"
}
main() {
    let a = 1 as Int64            //a 为 Option<Int64>.Some(1)
    let b = 1 as String          //b 为 Option<String>.None
    let b1: Person = Person ()
    let b2: Person = Student ()
    let d: Student = Student ()
    let r1 = b1 as Person        //r1 为 Option<Person >.Some(b1)
    let r2 = b1 as Student       //r2 为 Option<Student>.None
    let r3 = b2 as Person        //r3 为 Option<Person >.Some(b2)
    let r4 = b2 as Student       //r4 为 Option<Student>.Some(b2)
    let r5 = d as Person         //r5 为 Option<Person >.Some(d)
    let r6 = d as Student        //r6 为 Option<Student >.Some(d)
}
```

备注：无论是表达式 e is T 还是 e as T，都不改变 e 本身，两个表达式都会返回新的值作为表达式的值。

9.5 类型别名

在仓颉语言中，既允许定义新的类型，也允许为现有类型赋予新的别名。一般当某种类型的名字比较复杂或者在特定场景中不够直观时，可以为类型设置一个新的类型别名。为已有类

型设置别名的一般格式如下：

```
type 类型别名 = 原类型名
```

类型别名应该符合标识符命名规则，通过 type 定义类型别名只能在程序源文件顶层进行，并且原类型必须在别名定义处可见，示例代码如下：

```
//ch09/proj0910/src/main.cj
type I64 = Int64                  //I64 为 Int64 的别名
class Key {}
class Value {}
type KV= (Key, Value)             //KV 代表(Key, Value)元组类型
main() {
    type I32 = Int32              //错误，必须定义在顶层，不能定义在函数内
}
type K = ClassKey                 //错误，ClassKey 必须存在且可见
```

同一种类型名可以有多个别名，但是一个别名只能对应一种类型，类型别名还可以继续定义别名。类型别名不能直接或间接地循环使用，示例代码如下：

```
type IntA = Int64                 //可以，IntA 等价于 Int64
type IntB = Int64                 //可以，IntB 等价于 Int64
type Int = IntA                   //可以，Int 也代表 Int64
type IntB = Int32                 //错误，IntB 重复定义
type V = (String, V)              //错误，V 不能直接循环使用
type A = (Int8, B)                //错误，A 和 B 不能间接循环使用
type B = (Int8, A)                //错误，B 和 A 不能间接循环使用
```

类型别名并不会定义一个新的类型，它仅仅是为原类型定义了另外一个名字而已，别名和原类型被视作同一种类型，可以像原类型一样使用，示例代码如下：

```
//ch09/proj0911/src/main.cj
type int = Int64
class Key {}
class Value {}
type KV = (Key, Value)            //KV 代表(Key, Value)元组类型
main() {
    let a: I64 = 8
    let t: KV = (Key(), Value())
    println(a is int)             //输出 true
    println(a is Int64)           //输出 true
    println(t is KV)              //输出 true
    println(t is (Key, Value))    //输出 true
}
```

第10章

泛型和常用集合类型

10.1 泛型

泛型是泛化类型，即参数化类型。在开发过程中，为了使程序具有更好的通用性，在声明时暂时不确定具体的类型，而在使用时以类型参数的形式确定具体类型。在仓颉语言中，类型声明与函数声明都可以使用泛型。

10.1.1 泛型类型

泛型类型是指在类型定义中包含类型参数的类型。在仓颉语言中，类、记录与枚举类型的声明都可带有类型形参，也就是说它们都可以是泛型的。

1. 泛型类

泛型类是定义类时包含类型参数的类，定义泛型类的一般形式如下：

```
class 类名<类型参数 1,类型参数 2,...,类型参数 n>{
    //类体
}
```

下面是一个定义 Person 泛型类的例子，该泛型类中有一个泛型参数 T，类中定义的 id 是 T 类型，也就是该泛型类可以定义拥有任何类型 id 的 Person，示例代码如下：

```
class Person<T> {
    var id: T
    init(id: T) {                 //构造函数
        this.id = id
    }
    public func getId(): T {
```

```
        id
    }
}
```

在声明了泛型类后，可以通过泛型类定义实例，定义实例时需要指明具体类型参数，示例
代码如下：

```
//ch10/proj1001/src/main.cj
main(): Unit {
    var p1: Person<Int32>              //p1 的 id 是整型 Int32
    p1 = Person<Int32>(100001)
    var p2: Person<String>             //p2 的 id 是字符串类型
    p2 = Person<String>("10000000000001")
    println(p1.getId())
    println(p2.getId())
}
```

在泛型中，有以下几个常用的术语。

（1）类型形参：一个泛型声明时可以有一个或者多个类型参数，这些类型参数称为类型形
参。类型形参是一个自定义的标识符，在泛型声明体中可以使用。如上例中的 T 即为类型形参。

（2）类型实参：在使用泛型类型时，需要指定具体的类型参数，为泛型指定的具体的类型
参数称为类型实参。如上例中 Person<String>中 String 为类型实参。

（3）类型变元：泛型类型在声明类型形参后，可通过标识符来引用这些类型，这些标识符
称为类型变元。如 init(id: T)中的 T 称为类型变元。

（4）类型构造器：一个需要 0 种、1 种或者多种类型作为实参的类型称为类型构造器。如
Person 就是一种类型构造器，Person 本身并不是一个具体的类，而是通过传递类型实参后才会
确定一种具体类型。如上例中，可以说 p1 的类型是 Person<Int32>类型，不能说 p1 是 Person
类型，Person 是一个泛型类，通过 Person 可以构造一个具体的类型。

泛型类的类型形参可以有多个，多个之间用逗号分隔。此时，使用泛型时需要传递多种类
型实参，示例代码如下：

```
//ch10/proj1002/src/main.cj
class KVPair<K, V> {
    let key: K
    let value: V
    public init(a: K, b: V) {
        key = a
        value = b
    }
    public func getKey(): K {
        return key
    }
    public func getValue(): V {
```

```
        return value
    }
}
main() {
    var a: KVPair<Int64, String> = KVPair<Int64, String>(101,"zhangsan")
    println(a.getKey())
    var b: KVPair<String, String> = KVPair<String, String>("name", "lisi")
    println(b.getValue())
}
```

泛型类的类型实参还可以是泛型类型，对于前面定义的 Person<T>和 class KVPair<K, V>可以联合使用，示例代码如下：

```
//ch10/proj1003/src/main.cj
main() {
    var p = Person<Int64>(100001)
    //下面 KVPair 的第 2 种类型实参是 Person<Int64>
    var a = KVPair<String, Person<Int64>>("CN:101101200001011618", p)
    println(a.getValue().getId())  //输出 100001
}
```

2. 泛型结构和枚举

泛型结构是在定义结构类型时包含类型参数，泛型结构类型的声明除了关键字 struct 外和泛型类相同，示例代码如下：

```
struct Person<T> {
    var id: T
    init(id: T) {                    //构造函数
        this.id = id
    }
    public func getId(): T {
        id
    }
}
```

泛型结构可以作为泛型类的类型实参，反之亦可。需要注意，结构是值类型，结构定义的泛型也是值类型，示例代码如下：

```
//ch10/proj1004/src/main.cj              //泛型结构
struct Person<T> {
    var id: T
    init(id: T) {                    //构造函数
        this.id = id
    }
    public func getId(): T {
        id
    }
}
```

```
class KVPair<K, V> {                          //泛型类
    let key: K
    let value: V
    public init(a: K, b: V) {
        key = a
        value = b
    }
    public func getKey(): K {
        return key
    }
    public func getValue(): V {
        return value
    }
}
main() {
    var p = Person<Int64>(100001)
    var a = KVPair<String, Person<Int64>>("CN:101101200001011618", p)
    a.value.id = 101
    println(a.getValue().getId())             //输出 101
    println(p.getId())                        //输出 100001
}
```

枚举类型的泛型声明方法和类、结构泛型类似。在仓颉语言中，通过 enum 声明的泛型类型中使用得最广泛的例子之一就是 Option 类型。

枚举泛型 Option<T>拥有两种枚举情况：一种是 Some(T)，用来表示一个正常的返回结果；另一种是 None，用来表示一个空的结果。Option 定义在 core 包中，其中还定义了 getOrThrow 函数，该函数会将 Some(T)内部的值返回，返回的结果是 T 类型，而如果是 None，则直接抛出异常。枚举泛型 Option<T>定义的部分代码如下：

```
public enum Option<T> {
    Some(T) | None
    public func getOrThrow(): T {
        match (this) {
            case Some(v) => v
            case None => throw NoneValueException()
        }
    }
    ...... //此处省略了其他代码
}
```

下面借助于 Option 枚举泛型，定义一个安全的除法函数 safeDiv，如果除数为 0，则返回 None，否则返回 Some 包装过的结果，示例代码如下：

```
//ch10/proj1005/src/main.cj
func safeDiv(x: Int64, y: Int64): Option<Int64> {
    var r: Option<Int64> = match (y) {
```

```
        case 0 => None
        case _ => Some(x/y)
    }
    return r
}
main(): Unit {
    var a = 100
    var b = 0
    println(safeDiv(a,b))        //输出 None
    a/b                          //抛出除数为 0 异常
}
```

在以上代码中，b 作为除数，其值为 0，但是程序运行 safeDiv(a,b)时，不会抛出除数为 0 的算术运算异常，因为在 safeDiv 函数内对除数为 0 的情况进行了判断处理，safeDiv 在除数为 0 时返回 None。

3. 泛型接口

泛型接口是在定义接口时包含类型参数，定义泛型接口的一般形式如下：

```
interface 接口名<类型参数 1,类型参数 2,...,类型参数 n>{
    //接口体
}
```

泛型接口的基本用法和泛型类相似。在仓颉语言提供的标准库中，Iterable 就是一个泛型接口，它是一个容器的遍历器接口。Iterator 是 Iterable 的子接口，也是一个泛型接口，Iterator 中有一个 next 成员函数，next 成员函数返回的类型是 Option 泛型类型。集合 Collection 接口继承了 Iterable 接口。通过这些接口为集合管理提供了统一的操作能力，它们的基本声明如下：

```
public interface Iterable<E> {
    func iterator(): Iterator<E>
}
public interface Iterator<E> <: Iterable<E> {
    func next(): Option<E>
}
public interface Collection<T> <: Iterable<T> {
    func size(): Int64
    func isEmpty(): Bool
}
```

10.1.2 泛型函数

函数可以是泛型的，在仓颉语言中，全局函数和类、结构、枚举类型中的静态函数都可以声明类型形参。声明了类型参数的函数称为泛型函数。

1. 全局泛型函数

声明全局泛型函数的基本语法是在被声明的函数名后、圆括号前使用尖括号声明类型形
参。被泛化的类型参数可以在函数形参、返回值类型及函数体中使用，声明泛型函数相当于一
次声明了多个函数，示例代码如下：

```
func isLong<T>(a: T):Bool{           //判断任意类型 a 是否是长整型
    if(a is Int64){                  //这里以 Int64 为长整型
        return true
    }
    return false
}
```

以上代码定义的 isLong 函数是一个泛型函数，T 是声明的类型形参，a 是函数的形参。调
用函数时通过传递类型实参决定具体 T 的类型，通过传递数据实参可以确定执行函数时形参 a
的值，示例代码如下：

```
//ch10/proj1006/src/main.cj
main() :Unit{
    isLong<Int64>(66)                //指明了类型实参为 Int64
    isLong(66)                       //可以推定类型实参为 Int64
    isLong<String>("abc")            //指明了类型实参为 String，函数的返回值为 false
    isLong("abc")                    //可以将类型实参推定为 String，函数的返回值为 false
}
```

泛型函数的形参类型还可以是别的泛型的类型参数，如在下面的定义中，T 又作为 Option
的类型参数了，示例代码如下：

```
func get<T>(a: Option<T>): T { //根据 Option<T>类型，返回 T 类型值
    return a.getOrThrow()
}
```

泛型函数可以实现多个函数功能的合并，如在仓颉语言的标准库 core 包中，泛型函数
composition 声明了 3 种类型参数，分别是 T1、T2 和 T3，其功能是把两个函数 f: (T1) -> T2
和 g: (T2) -> T3 复合成类型为 (T1) -> T3 的函数，示例代码如下：

```
func composition<T1,T2,T3>(f:(T1)->T2,g:(T2)->T3):(T1)->T3{
    return {x: T1 => g(f(x))}
}
```

泛型函数 composition 的形参为两个函数，当对任意的第 1 个函数的返回结果类型是第 2
个函数的形式参数类型时，就可以通过 composition 函数完成两个函数的复合，示例代码如下：

```
//ch10/proj1007/src/main.cj
func get1(a: Int64): Int8 {    //根据 Int64 转 Int8
    var r: Int8
    r = Int8(a % 100)
    return r
```

```
}
func get2(a: Int8): Bool {          //根据 Int8 转 Bool
    if (a >= 0) {
        return true
    } else {
        return false
    }
}
func getBool(a: Int64) {
    return composition<Int64, Int8, Bool>(get1, get2)(a)  //复合
}
main() {
    println(getBool(3600))          //输出 true
    return 0
}
```

2. 静态泛型函数

在类、结构或枚举定义体内定义的静态函数可以拥有类型参数，这样的函数称为静态泛型函数。静态泛型函数声明和全局泛型函数类似，不同的是，静态泛型函数声明在类、结构或枚举的定义体内，示例代码如下：

```
class ToTuple {
    static public func to2Tuple<T, U>(a: T, b: U): (T, U) {
        return (a, b)
    }
    static public func to3Tuple<T, U, V>(a: T, b: U, c: V): (T, U, V) {
        return (a, b, c)
    }
}
```

在使用类中的静态泛型函数时，需要在静态函数前加上类名，其他和使用全局泛型函数相同，示例代码如下：

```
//ch10/proj1008/src/main.cj
main():Unit {
    ToTuple.to2Tuple("name","zhangsan")
    ToTuple.to3Tuple(101,"lisi",true)
}
```

结构和枚举中的静态泛型函数和类中的静态泛型函数类似，这里不再赘述。

10.1.3　泛型约束

泛型在没有约束的情况下，类型参数可以代表任意类型，由于类型过于宽泛，一般情况下很难进行相关的运算和操作。例如下面定义一个泛型函数 add，希望可以使任意两个同类型数据相加，但是实际并不是所有的类型都可以通过加号（+）运算符进行相加运算，示例代码如下：

```
func add<T>(a:T,b:T):T{
    return a+b                    //提示错误,+号不能进行泛型 T 的运算
}
```

泛型约束的作用是在声明泛型时,对泛型类型加以一定的限制,使在限制条件下可以具有更多的具体运算能力。泛型约束是通过关键字 where 进行的,一般将泛型限制为某种类型的子类,示例代码如下:

```
//将 T 约束为 Addable 的子类型
func addage<T>(a:T,b:T):Int64 where T<:Addable<T>{
    return a.add(b)
}
```

以上代码将 T 类型约束为必须是 Addable<T>类型的子类型,这样在 Addable<T>类型具有 add 运算能力时,T 类型必定具有 add 运算能力,因此可以在 addage<T>泛型函数中调用 add 完成运算。

泛型约束可以分为接口约束与子类型约束。接口约束 where T1 <: Interface 表示 T1 是 Interface 接口或 Interface 接口的子类型。子类型约束 where T2 <: Type 表示 T2 是 Type 类型或 Type 类型的子类型。对于同一种类型变元的多个约束可以使用&连接。例如 where T1 <: Interface1 & Interface2。

下面是一个接口约束的示例:

```
//ch10/proj1009/src/main.cj
public interface Addable<T> {
    func add(b:T): Int64               //加运算能力
}
//将 T 约束为 Addable 的子类型
func addage<T>(a:T,b:T):Int64 where T<:Addable<T>{
    return a.add(b)
}
class Person <: Addable<Person> {      //实现了 Addable
    var age=18
    public func add(b:Person):Int64{
        return age + b.age
    }
}
main():Unit {
    var p1 = Person()
    var p2 = Person()
    println(addage(p1,p2))             //对两个 Person 进行加运算
}
```

下面是一个子类型约束的示例:

```
//ch10/proj1010/src/main.cj
abstract class Animal {                //抽象类,动物
```

```
    public func cry():Unit                       //动物都会叫
}
class Dog <: Animal {                             //狗类
    public func cry(): Unit {
        println("狗 汪汪叫")
    }
}
class Cat <: Animal {                             //猫类
    public func cry(): Unit {
        println("猫 喵喵叫")
    }
}
class Zoo<T> where T <: Animal {                  //动物园泛型类，将 T 约束为动物
    var animals = ArrayList<Animal>()
    public func addAnimal(a: T) {
        animals.append(a)
    }
    public func allAnimalCry() {                  //所有动物发出叫声
        for (a in animals) {
            a.cry()
        }
    }
}
main() {
    var zoo = Zoo<Animal>()                       //动物园
    zoo.addAnimal(Dog())                          //加入狗
    zoo.addAnimal(Cat())
    zoo.allAnimalCry()                            //所有动物发出叫声
    return 0
}
```

以上代码声明一个动物园泛型类 Zoo<T>，同时声明了类型形参 T，T 有约束条件，要求 T 是动物类型 Animal 的子类型。Animal 本身是一个抽象类，Animal 类中声明了 cry 成员函数。子类型 Dog 与 Cat 都实现了 Animal 类的 cry 成员函数。在 Zoo<T>中，对 animals 数组列表中的所有动物实例均可以调用 cry 成员函数。在动物园的实例 zoo 中，可以添加任意动物，只要该动物对应的类型是 Animal 类的子类型即可。

备注：泛型是类型参数化技术，编程中泛型是对类型的抽象，但被抽象的类型名称最终还是要替换成具体的类型。Java 中支持泛型，Python 中由 typing 库支持泛型，C++则以模板形式支持泛型。

10.2 常用集合类型

在开发过程中，经常会遇到处理大量数据的情形，这些数据往往以某种方式组织在一起。仓颉语言提供了一些基础的集合类型，这些类型都是泛型，通过它们可以方便地处理各种类型的大量数据。仓颉语言提供的内置常用集合类型有 Array、List、Buffer、HashSet、HashMap 等。

10.2.1 Array

1. 定义和初始化数组

Array 也可以称为数组，数组适合于不需要增加和删除元素但可以修改和使用元素的情形。数组对应的泛型类为 Array<T>，T 表示 Array 的元素类型，T 可以是任意类型。通过数组可以构造一组有序的序列数据，示例代码如下：

```
var a: Array<Int64>          //定义数组 a, 其元素为 Int64 类型
var b: Array<String>         //定义数组 b, 其元素为 String 类型
```

元素类型不相同的数组其类型也不相同，所以它们之间不能进行赋值，示例代码如下：

```
b = a                        //错误, 类型不匹配
```

数组定义后，不可以增加或删除其中的元素，所以空数组一般没有意义。定义数组时一般需要进行初始化，使用方括号及逗号分隔的值列表可以初始化数组，示例代码如下：

```
let a: Array<Int64> = [1, 2, 3, 4, 5]    //初始化数组
let b = ["zhao", "qian", "sun", "li"]    //数组元素为字符串
```

数组类型 Array<T>提供了多个构造函数，通过构造函数的方式可以进行数组的初始化，示例代码如下：

```
let a = Array<Int64>(3,item:6)           //a 数组中有 3 个整数, 其值都是 6
let b = Array<String>(["张三", "李四"])   //b 数组包含两个字符串
let c = Array<Int64>(a)                  //通过 a 构造 c
let d = Array<Int64>()                   //创建一个空数组
```

2. 使用数组

数组中的元素被依次放置在数组中，可以使用数组名[下标]的方式访问数组中的元素。下标的类型必须是 Int64 类型，使用数组时下标不能越界，示例代码如下：

```
let a = [2, 3, 5, 7, 11 ,12]
println(a[5])                //输出 12
a[5] = 13
println(a[5])                //输出 13
a[-1] = 1                    //数组越界异常
println(a[6])                //数组越界异常
```

对于一个非空数组，下标范围为 0～size -1，可以使用 size()成员函数获得数组中的元素个数，示例代码如下：

```
//ch10/proj1011/src/main.cj
main() {
    let a = [2, 3, 5, 7, 11, 13]
    var i = 5
    if (a.size == 0) {           //判断数组是否为空, 也可用 a.isEmpty()
        println("空数组")
```

```
        } else {
            if (i >= 0 && i < a.size) {              //防止越界
                println(a[i])
            } else {
                println("访问数组越界")
            }
        }
    }
}
```

当需要遍历数组中的所有元素时，可以使用 for-in 循环语句，示例代码如下：

```
//ch10/proj1012/src/main.cj
main() {
    let a = [2, 3, 5, 7, 11, 13]
    for (it in a) {                              //遍历
        print("${it},")
    }
}
```

数组可以进行整体或部分复制，使用数组时，在下标中传入 Range 类型的值就可以一次性取得 Range 对应范围的一段数组，示例代码如下：

```
let a = Array<Int64>([2, 3, 5, 7, 11, 13])
let b = a[2..5]                          //b 中包含 5、7、11，下标从 2 到 4
```

当 Range 在数组的下标语法中使用时，可以省略起始值，省略起始值时表示从 0 开始；当省略结束值时表示延续到最后一元素，示例代码如下：

```
let a = Array<Int64>([2, 3, 5, 7, 11, 13])
let c = a[..5]                    //c 中包含 2、3、5、7、11
let d = a[2..]                    //d 中包含 5、7、11、13
```

数组复制后得到新的数组，其元素值和原来的数组对应元素值是相同的，但不是同一个数组，示例代码如下：

```
let a = Array<Int64>([2, 3, 5, 7, 11, 13])
let e = a[0..]                    //e 复制了 a 中的元素
e[0] = 17
println(a[0])                     //输出 2，a[0] 没有改变
```

数组是引用类型，通过数组名进行赋值或参数传递时不会复制出数组副本，这一点和数组赋值不同。通过任何一个引用修改数组中的元素都会反映到原数组中，示例代码如下：

```
//ch10/proj1013/src/main.cj
func fun(a:Array<Int64>){
    a[0] = 19               //修改 a[0] 的值
}
main() {
    let a = Array<Int64>([2, 3, 5, 7, 11, 13])
    let x = a               //引用赋值，不是数组复制
```

```
    x[0] = 17              //会修改 a 中的值
    println(a[0])          //输出 17，不是 2
    fun(a)                 //引用传递
    println(a[0])          //输出 19
}
```

10.2.2　ArrayList

1. 定义和初始化列表

ArrayList 也可以称为数组列表，简称列表，列表类型对应泛型 ArrayList<T>，T 表示列表中的元素类型，T 可以是任意类型。ArrayList 和 Array 有很多相似之处，示例代码如下：

```
var a: List<Int64>         //定义列表 a，其元素为 Int64 类型
var b: List<String>        //定义列表 b，其元素为 String 类型
```

列表中元素类型不相同的列表其类型也不相同，所以它们之间不能进行赋值，示例代码如下：

```
b = a                      //错误，类型不匹配
```

定义列表时一般需要进行初始化，使用方括号及逗号分隔的值列表可以初始化，示例代码如下：

```
let a: ArrayList<Int64> = ArrayList<Int64>([1, 2, 3, 4, 5])    //初始化列表
let b = ArrayList<String>(["张三", "李四"])                      //列表元素为字符串
let c = ArrayList<String>(b)                                    //由 b 初始化列表 c
let d = ArrayList<Int64>()                                      //创建一个空列表
```

2. 使用列表

1）读取列表数据

读取列表中的数据和数组类似，可以使用名称[下标]的方式。下标的类型必须是 Int64 类型，并且不能越界，示例代码如下：

```
//ch10/proj1014/src/main.cj
main() {
    let a = ArrayList<Int64>([2, 3, 5, 7, 11, 13])
    var i = 5
    if (a.size == 0) {                        //判断是否为空，也可用 a.isEmpty()
        println("空列表")
    } else {
        if (i >= 0 && i < a.size) {           //防止越界
            println(a[i])
        } else {
            println("访问列表越界")
        }
    }
}
```

当需要遍历列表中的所有元素时，可以使用 for-in 循环，示例代码如下：

```
//ch10/proj1015/src/main.cj
main() {
    let a = ArrayList<Int64>([2, 3, 5, 7, 11, 13])
    for (it in a) {                    //遍历
        print("${it},")
    }
}
```

列表可以进行整体或部分复制，使用列表时，在下标中传入 Range 类型的值就可以一次性取得 Range 对应范围的一段列表数据，示例代码如下：

```
let a = ArrayList<Int64>([2, 3, 5, 7, 11, 13])
let b = a[2..5]                    //b 中包含 5、7、11。下标从 2 到 4
let c = a[..5]                     //c 中包含 2、3、5、7、11
let d = a[2..]                     //d 中包含 5、7、11、13
```

2）修改列表

和数组不同，列表可以通过下标对元素进行修改，示例代码如下：

```
var a = ArrayList<Int64>([2, 3, 5, 7, 11, 13])
var b = a                          //可以，引用赋值
a[0] = 17                          //修改了 a[0] 的值
b[0] = 19                          //修改了 b[0] 的值，等同于修改了 a[0]
```

ArrayList 类型提供了多个 API，如 set、insert、append、remove、clear、reverse 等函数。通过这些函数可对列表进入各种操作，示例代码如下：

```
//ch10/proj1016/src/main.cj
main() {
    var a = ArrayList<Int64>([2, 3, 5])
    a.set(0, 7)                    //修改元素
    println(a[0])                  //输出 7
    a.insert(0, 11)                //在 0 位置插入 11
    println(a[0])                  //输出 11
    a.append(13)                   //在列表尾部加入 13
    println(a[4])                  //输出 13
}
```

ArrayList 采用了动态内存策略，当数据量超出其当前容量时，ArrayList 会分配更大的内存空间并将其所有元素复制到新空间中，此过程势必会造成一定的性能开销。

10.2.3 HashSet

1. HashSet 的基本用法

HashSet 可以称为哈希集合，在哈希集合中其元素不会出现重复现象，哈希集合对应的泛

型类型是 HashSet<T>。泛型参数 T 表示 HashSet 中的元素类型，T 必须是实现了 Hashable 接口的类型。

使用 HashSet 时需要导入 collection.HashSet 包，导入时可以通过*通配符导入所有的集合包，即 collection.*。哈希集合的基本用法和其他集合类似，示例代码如下：

```
//ch10/proj1017/src/main.cj
from std import collection.*                //导入包
main(){
    let a: HashSet<Int64> = HashSet<Int64>([1, 2, 3, 4, 5]) //初始化
    let b = HashSet<String>(["张三", "李四"]) //HashSet 元素为字符串
    let c = HashSet<String>(b)               //由 b 初始化 c
    let d = HashSet<Int64>()                 //创建一个空 HashSet
    for (it in a) {                          //遍历 HashSet a
        print(it)
    }
}
```

2. HashSet 的操作

向 HashSet 中添加元素，可以使用其提供的 put 系列成员函数。哈希集合的特点确保了相同的元素不会被重复添加到哈希集合中，示例代码如下：

```
let hs = HashSet<Int64>()
hs.put(100)              //hs 中包含 100
hs.put(200)              //hs 中包含 100 和 200
hs.put(100)              //hs 中仍然只包含 100 和 200
let arr = [200, 300, 400]
hs.putAll(arr)          //hs 中包含 100、200、300 和 400
```

从 HashSet 中删除元素，可以使用其提供的 remove 成员函数，删除时需要指定元素，示例代码如下：

```
let hs = HashSet<Int64>([100,200,300])
hs.remove(200)          //hs 中包含 100, 300
```

HashSet 是引用类型，HashSet 在作为表达式使用时不会复制副本，同一个 HashSet 实例的所有引用都会引用同样的数据集合，因此对 HashSet 实例中元素的修改会反映到该实例的所有引用，示例代码如下：

```
let hs = HashSet<Int64>([100,200,300])
let hset = hs           //引用赋值
hset.remove(200)        //hs 和 hset 中都是包含 100 和 300
```

HashSet 还提供了其他成员函数，如 size、contains 等，用于集合的相关操作，示例代码如下：

```
//ch10/proj1018/src/main.cj
from std import collection.*
main() {
```

```
    let hs = HashSet<Int64>([100, 200, 300])
    println(hs.size)          //输出 3
    if(hs.contains(200))      //判断是否包含 200
    {
        println("包含 200")
    }
    hs.clear()                //清空 hs
}
```

10.2.4　HashMap

1. HashMap 的基本用法

HashMap 可以称为哈希映射或哈希表，哈希表中的每个元素是一个键值对，可以根据键访问相应的值，哈希表可以实现对其包含的元素的快速访问。

哈希表对应的泛型类型是 HashMap<K, V>，其中的类型参数 K 表示哈希表的键类型，哈希表中的键不能重复，因此要求 K 必须实现了 Hashable 接口，V 表示哈希表的值类型，V 可以是任意类型。

使用哈希表时需要导入collection.HashMap包，也可以通过*通配符方式导入所有的集合包，即 collection.*。哈希表的每个元素是一个键值对，下面是哈希表的基本用法：

```
//ch10/proj1019/src/main.cj
main(){
    //定义哈希表并初始化
    let hm1=HashMap<Int64,String>([(1,"张三"),(2,"李四"),(3,"王五")])
    let hm2 = HashMap<Int64,String>(hm1)        //由 hm1 初始化 hm2
    let hm3 = HashMap<String,String >()         //创建一个空 HashMap
    for ((k,v) in hm1) {                        //遍历哈希表 hm1
        println("${k} => ${v}")
    }
}
```

2. HashMap 的操作

哈希表中的元素是按照键进行组织的，可以通过键访问其对应的元素值，示例代码如下：

```
ch10/proj1020/src/main.cj
main(){
    //定义哈希表并初始化
    let hm1=HashMap<Int64,String>([(1,"张三"),(2,"李四"),(3,"王五")])
    let v = hm1[3]      //读取键为 3 对应值的值
    println(v)          //输出王五
    hm1[3] = "赵六"     //修改键为 3 对应的值
    println(hm1[3])     //输出赵六
}
```

哈希表是引用类型，在作为表达式使用时不会复制副本，同一个哈希表实例的所有引用都会引用同样的数据，因此对哈希表实例元素的修改会反映到该实例的所有引用，示例代码如下：

```
//ch10/proj1021/src/main.cj
main(){
    //定义哈希表并初始化
    let hm1=HashMap<Int64,String>([(1,"张三"),(2,"李四"),(3,"王五")])
    let hm2 = hm1            //引用赋值
    hm2[3] = "赵六"          //修改键为 3 对应的值
    println(hm1[3])          //输出赵六，hm1 和 hm2 引用的是同一个实例
}
```

通过 put 系列函数可以向哈希表中添加元素，元素是以键为唯一标识的，相同的键不会在哈希表中存在多个。当添加元素时，如果键不存在，put 系列函数则会执行添加操作，当键存在时，put 系列函数会将键对应的值覆盖为新加入的值，示例代码如下：

```
ch10/proj1022/src/main.cj
from std import collection.*    //导入包
main(){
    //定义哈希表并初始化
    let hm1=HashMap<Int64,String>([(1,"张三"),(2,"李四"),(3,"王五")])
    hm1.put(4,"赵六")                //添加赵六
    hm1.put(2,"李小四")              //由于 2 已经存在，将李四更新为李小四
    let hm2 = HashMap<Int64,String>([(1,"张小三"),(5,"刘小童")])
    hm1.putAll(hm2)                 //将 hm2 中的值添加或更新到 hm1 中
    for((k,v) in hm1){
        println("${k} => ${v} ")
    }
}
```

哈希表还提供了很多属性和成员函数，如 size、contains、remove、clear 等，用于集合的相关操作，示例代码如下：

```
//ch10/proj1023/src/main.cj
from std import collection.*    //导入包
main(){
    //定义哈希表并初始化
    let hm1=HashMap<Int64,String>([(1,"张三"),(2,"李四"),(3,"王五")])
    println(hm1.size)                //包含 3 个元素，输出 3
    println(hm1.contains(3))         //包含键 3，输出 true
    hm1.remove(2)                    //删除了 key 为 2 的键值对
    for((k,v) in hm1){               //hm1 中包含张三、王五
        println("${k} => ${v} ")
    }
    hm1.clear()                      //清空哈希表
}
```

第11章

属性和扩展

11.1 属性

11.1.1 定义属性

　　在仓颉语言中，属性（Properties）是一种成员变量，但又不同于普通的成员变量。属性提供了一个必选的 get 和一个可选的 set 操作，使用属性形式上与普通成员变量相同，但实际上调用了属性的 get 或 set 操作，get 和 set 操作一般用来检索和设置非属性成员变量值，但理论上属性的 get 和 set 操作内可以包含任何操作代码。

　　属性可以定义在接口（interface）、类（class）、结构（struct）、枚举（enum）、扩展（extend）中，属性是由关键字 prop 修饰声明的，示例代码如下：

```
class XPoint {
    private var x = 0
    private var y = 0
    public mut prop px: Int64 {        //定义属性 px
        get() {
            x
        }
        set(v) {
            x = v
        }
    }
    public prop py: Int64 {            //定义属性 py
        get() {
            y
        }
```

```
    }
}
```

以上代码，在 XPoint 类中通过 prop 声明了 px 和 py 两个属性，两个属性的类型都是 Int64。属性 px 由 mut 修饰，这样的属性必须定义 get（获取）和 set（设置）操作。属性 py 未被 mut 修饰，这样的属性必须定义 get 操作。属性的 get 和 set 分别对应两个不同的操作函数。

（1）get 操作的类型是( )->T，T 是对应属性的类型。当获取该属性时，会执行其对应的 get 操作。

（2）set 操作的类型是(T)->Unit，T 是对应属性的类型，set 操作的形参名需要显式地指定。当对该属性进行赋值操作时，会执行其对应的 set 操作。

使用属性的基本方式和使用普通的成员变量是相同的，示例代码如下：

```
var point = XPoint();
point.px = 10                        //写属性，调用相应的 set
Point.py                             //读属性，调用相应的 get
```

需要注意，在属性的 get 和 set 操作中访问属性自身属于递归调用，与函数递归调用一样可能会出现死循环的情况，示例代码如下：

```
class XPoint {
    public mut prop px: Int64 {       //定义属性 px
      get() {
          px                          //递归调用自身，死循环
      }
      set(v) {
          px = v                      //递归写，死循环
      }
    }
}
```

属性可以是抽象的，在接口和抽象类中可以声明抽象属性，抽象属性是没有实现的属性，即没有 get 或 set 操作，示例代码如下：

```
interface I {
    prop i: Int64                     //抽象属性
}
abstract class A {
    public prop a: Int64              //抽象属性
}
```

当具体的子类型实现接口或继承抽象类时，必须实现它们声明的抽象属性。与覆盖的规则一样，在实现这些抽象属性时需要保持一样的 let/var 声明，同时也必须保持一样的属性类型，示例代码如下：

```
ch11/proj1101/src/main.cj
interface Usb {                       //接口
```

```
        prop let versionUsb: Float64          //抽象属性
        mut prop var speed: Float64           //抽象属性
}
class U <: Usb {
        private var versionU = 3.0
        private var speedU = 150.0
        public prop versionUsb: Float64 {     //属性 version 的实现必须和 Usb 中一致
            get() {
                versionU
            }
        }
        public mut prop speed: Float64 {      //属性 speed 的实现必须和 Usb 中一致
            get() {
                println(speedU)               //输出
                speedU
            }
            set(speed) {
                speedU = speed
            }
        }
}
main():Unit {
        var u = U();
        u.speed = 160.6                       //写属性，调用相应的 set
        u.speed                               //读属性，调用相应的 get
        u.versionUsb                          //读属性，调用相应的 get
        u.versionUsb = 3.1                    //错误，let 限制的量不能赋值
}
```

通过抽象属性，可以让接口和抽象类对一些数据操作进行约定，相比成员函数的方式更加直观。高层的抽象属性可以限制对象访问数据成员的方式，从而在不同的情形下使用不同的访问方式，示例代码如下：

```
//ch11/proj1102/src/main.cj
interface Usb {
        mut prop usedSpace: Int64             //抽象属性
}
interface Writable {
        func getUsedSpace(): Int64
        func setUsedSpace(value: Int64): Unit
}
class U <: Usb  & Writable{
        private var uHasUsed = 0
        public mut prop usedSpace: Int64 {    //实现属性
            get() {
                uHasUsed
            }
```

```
        set(v){
            uHasUsed = v
        }
    }
    public func getUsedSpace(): Int64{
        return usedSpace
    }
    public func setUsedSpace(value: Int64): Unit{
        usedSpace = value
    }
}
main(): Unit {
    let u1:Usb = U();         //将 u1 限制为 Usb
    u1.usedSpace = 32         //正确
    u1.getUsedSpace()         //错误, u1 没有该成员函数
    let u2:Writable = U()     //将 u2 限制为 Writable
    u2.getUsedSpace()         //正确
    u2.setUsedSpace(64)       //正确
    u2.usedSpace = 32         //错误, u2 没有该属性
}
```

11.1.2　使用属性

属性分为实例成员属性和静态成员属性。实例成员属性的使用通过实例进行访问，静态成员属性由 static 关键字修饰，静态成员属性通过类型名访问，示例代码如下：

```
//ch11/proj1103/src/main.cj
class Point {
    private var x: Int64 = 10
    private static var count: Int64 = 0
    public prop px: Int64 {          //实例成员属性
        get() {
            x
        }
    }
    public static prop c: Int64 {    //静态成员属性
        get() {
            count
        }
    }
}
main() {
    var a = Point()
    println(a.px)      //输出 10
    println(Point.c)   //输出 0
}
```

没有使用 mut 修饰的属性类似由 let 修饰的成员变量，不可以执行写操作，因此不具有 set 操作函数。使用 mut 修饰的属性类似由 var 声明的成员变量，可以进行读操作，也可以进行写操作，因此既有 get 操作函数，也有 set 操作函数，示例代码如下：

```
//ch11/proj1104/src/main.cj
class Point {
    private var x: Int64 = 10
    private static var count: Int64 = 0
    public prop px: Int64 {
        get() {
            x
        }
    }
    public static mut prop c: Int64 {
        get() {
            count
        }
        set(v){
            count = v
        }
    }
}
main() {
    var a = Point()
    a.px = 9          //错误，px 属性由 let 修饰，所以不可写
    Point.c = 1       //正确，c 属性可写
}
```

读取属性会调用属性的 get 操作函数，写属性会调用属性的 set 操作函数。属性具有比成员变量更强的功能，可以在 get 和 set 操作函数中进行一些额外的操作，示例代码如下：

```
//ch11/proj1105/src/main.cj
class Point {
    private var x: Int64 = 10
    public prop px: Int64 {
        get() {
            println("当前点的 x 坐标值为${x}")
            x
        }
    }
}
main() {
    var a = Point()
    a.px        //输出：当前点的 x 坐标值为 10
}
```

属性的 get 或 set 操作函数实现时要注意，在函数体中使用属性名相当于调用 get 操作，会

形成递归，递归是允许的，但是要避免造成死循环，示例代码如下：

```
//ch11/proj1106/src/main.cj
class Point {
    private var x: Int64 = 10
    public prop px: Int64 {
        get() {
            if(x>=0){          //如果没有判断条件，则会形成死循环
                println("当前点的 x 坐标为${x}")
                x--            //减 1
                px             //会再次调用 get，形成递归
            }
            return x           //始终返回 0
        }
    }
}
main() {
    var a = Point()
    a.px                       //输出 11 行，当前点的 x 坐标为 10 到 0
}
```

11.2 扩展

在仓颉语言中，扩展（extend）是一种为已有类型添加新功能的机制。这里的类型包括类、结构、枚举等，但不包括函数、元组和接口。扩展可以在不改变类型名称的前提下为已有类型添加新功能，但扩展不能破坏已有类型的封装性。

11.2.1 扩展的定义

扩展使用 extend 关键字进行声明，其基本形式如下：

```
extend 已有类型名{
    //扩展功能
}
```

下面是一个为字符串（String）类型扩展功能的例子，扩展的功能 printSize 以特定方式输出字符串大小，示例代码如下：

```
extend String {
    public func printSize() {               //扩展的功能
        println("当前字符串大小为 ${size}")
    }
}
```

当为 String 扩展了 printSize 功能函数后，在当前包（package）内的 String 实例可以访问该

功能函数，就像是原来的 String 类型具备该函数功能一样，示例代码如下：

```
main() {
    let s = "abcdef"
    s.printSize()                               //输出：当前字符串大小为 6
}
```

扩展扩充了已有类型的新功能，扩展可以添加的功能包括添加成员函数、添加操作符重载函数、添加成员属性和实现接口。扩展的函数和属性必须拥有具体的实现方法，示例代码如下：

```
class Point {                                   //定义 Point 类
    var x: Int64 = 3
    var y: Int64 = 6
    init(x: Int64, y: Int64) {
        this.x = x
        this.y = y
    }
}
extend Point{
    public func swapXY() {                      //扩展成员函数
        var t: Int64
        t = x
        x = y
        y = t
    }
    public operator func +(b: Point): Point {   //扩展操作符
        Point(x + b.x, y + b.y)
    }
    public prop let Xsquare: Int64 {            //扩展属性
        get() {
            x * x
        }
    }
}
```

扩展还可以实现接口。当一种类型在定义时没有继承某一接口但又希望具有该接口的能力时，可以使用扩展方式实现该接口。例如，对于前面定义的 Point 类可以进一步扩展以实现 Printable 接口，示例代码如下：

```
//ch11/proj1107/src/main.cj
interface Printable {                           //定义可打印接口
    func print(): Unit
}
extend Point <:Printable{                       //扩展接口
    public func print():Unit{                   //实现接口中的方法
        print("(${x} , ${y})")
    }
}
```

```
main() {
    let s = Point(3,6)
    s.print()   //输出: (3 , 6)
}
```

和继承类似，接口扩展可以同时扩展多个接口，多个接口之间使用&分隔，接口的顺序没有先后关系，示例代码如下：

```
interface I1 {
    func f1(): Unit
}
interface I2 {
    func f2(): Unit
}
class C {}
extend C <: I1 & I2  {
    public func f1(): Unit {}
    public func f2(): Unit {}
}
```

泛型也可以被扩展，扩展时泛型变元的名称可以和原定义中的名称不同，但是要求个数必须相同。扩展后的泛型中的类型变元会隐式地引入其定义时的泛型约束，示例代码如下：

```
class Person<T> {                      //定义泛型，类型参数为 T
    var id: T
    init(id: T) {this.id = id}
}
extend Person<T> {}                    //可以,
extend Person<R> {}                    //可以, R 可以和 T 不同
extend Person {}                       //错误，缺少类型参数
extend Person<T, R> {}                 //错误，类型参数个数不对
```

对于泛型类型的扩展，可以声明额外的泛型约束，从而限制在一定的条件下使用扩展的功能，示例代码如下：

```
extend Person<T> where T<:ToString {   //将 T 限制为 ToString
    public func print():Unit{           //实现接口中的方法
        print("${id}")
    }
}
```

11.2.2 扩展限制和使用

扩展不能增加成员变量，扩展的函数和属性不能使用 open、override、redef、protected 修饰，示例代码如下：

```
extend Point{ //扩展 Point
```

```
    var z: Int64 = 0                        //错误，不能扩展成员变量
    open func test1() {                     //错误，扩展函数不能使用 open 修饰
    }
    override func test2() {                 //错误，不能覆盖
    }
    public redef static func test3() {      //错误，不能重定义
    }
}
```

扩展中不能访问原类型的由 private 修饰的成员，但非 private 修饰的成员均具有可访问权限。同时，扩展中可以使用 this 访问成员，this 的使用方式和原类型定义中的使用方式相同，示例代码如下：

```
class Point {
    protected var a = 0                     //保护的
    private var b = 0                       //私有的
}
extend Point {
    func fun1() {
        print(a)                            //可以
        print(b)                            //错误，不能访问私有的
        print(this.a)                       //可以
        this.fun2()                         //可以
    }
    func fun2() {
    }
}
```

扩展和继承不同，扩展不是定义新类型，只是对原有类型的功能扩充，扩展中不能使用 super，示例代码如下：

```
open class Base{
    public var o = 0
}
class Point <:Base {                        //继承
    protected var a = 0
    private var b = 0
    func test1() {
        super.o                             //可以
    }
}
extend Point {                             //扩展
    func test2() {
        this.o                              //可以
        super.o                             //错误，扩展不能使用 super
    }
}
```

对同一类型可以进行多次扩展，但扩展不能遮盖被扩展类型的任何成员，扩展也不允许遮盖其他扩展增加的任何成员。在扩展中可以访问其他对同一类型扩展中的非 private 成员，示例代码如下：

```
class C {
    func f1() {}
}
extend C {                  //第 1 次扩展
    func f2() {}
}
extend C {                  //第 2 次扩展
    func f3() {
        f2()                //可以调用
    }
    func f1() {}            //错误，不能覆盖 f1
    func f2() {}            //错误，不能覆盖 f2
}
```

接口扩展不能是孤立的，所谓孤立是指扩展既不与接口（包含接口继承链上的所有接口）定义在同一个包中，也不与被扩展类型定义在同一个包中。此规则称为扩展的非孤立规则。孤立存在的扩展容易造成理解上的困扰，示例代码如下：

```
//目录 A 下的 Point.cj 文件内容
package A
public class Point {}
```

```
//目录 B 下的 Printable.cj 文件
package B
public interface Printable {}
```

```
//默认目录下的 main.cj 文件
import A.Point                          //导入包 A
import B.Printable                      //导入包 B
extend Point <: Printable {}            //错误，孤立扩展
```

11.2.3　扩展的作用域

扩展后类型具有了更多的功能，但是扩展本身不能使用 public 修饰，类型的扩展功能具有一定作用域。

同一个包内，扩展功能总是可以使用的。

在跨包使用被扩展类型的情况下，只有当扩展功能与被扩展的类型在同一个包且被扩展的类型在定义时使用了 public 修饰时，扩展的功能才可以被其他包导入使用，示例代码如下：

```
//ch11/proj1108/src/A/c.cj
```

```
//目录A下的c.cj文件内容
package A
public class C {}          //公有类
extend C {                 //扩展
    public func f() {}     //该功能和C类定义在一个包中
}
```

```
//ch11/proj1108/src/B/ec.cj
//目录B下的ec.cj文件内容
package B
import A.*
extend C {
    public func g() {}     //该功能只能在B包内使用
}
```

```
//ch11/proj1108/src/main.cj
//src目录下的main.cj文件内容
import A.*
import B.*
main() {
    let a = Foo()
    a.f()                  //可以，f功能随着包导入
    a.g()                  //错误，g功能不能导入
}
```

在跨包访问的情况下，使用接口扩展功能分为以下两种情况：

（1）如果接口扩展和原类型在同一个包中，但接口定义在另外一个包中，当被扩展类型使用 public 修饰时，扩展的功能和原类型作用域一致，可以伴随着原类型导入其他包中使用。

（2）如果接口扩展与接口在同一个包中，当接口定义由 public 修饰时，扩展的功能和接口的作用域一致，可以随接口导入其他包中使用。

总之，扩展可以跟随原类型或接口一方导入其他包中使用，但要求原类型或接口具有 public 权限。如下代码中，类 C 和接口 I 都使用了 public 修饰，并且它们都在同一个包 A 中，因此对 C 的扩展功能可以伴随着包 A 的导入而引入。

```
//ch11/proj1109/src/A/c.cj
//目录A下的c.cj文件内容
package A
public class C {}
public interface I {
    func f(): Unit
}
extend C <: I {
    public func f(): Unit {}
    public func g(): Unit {}
}
```

```
//ch11/proj1109/src/main.cj
//src 目录下的 main.cj 文件内容
import A.*              //导入包
main() {
    let a: C = C()
    a.f()              //可以
    a.g()              //可以
}
```

第12章

多线程和异常处理

12.1　多线程

多线程可以提高程序运行的并发处理能力，随着越来越多的计算机具有多核处理器，并发编程也变得越来越重要。仓颉语言支持多线程，它为开发者提供了一个友好、高效、统一的并发编程方式，屏蔽了操作系统线程、用户态线程等概念上的差异和底层实现细节。

12.1.1　创建线程

在仓颉语言中，提出了仓颉线程的概念。仓颉线程在操作系统中，本质上是一种用户态的轻量级线程，支持抢占，并且相比操作系统线程内存资源占用更少。

在仓颉语言中，使用关键字 spawn 创建仓颉线程，创建仓颉线程需要传递一个无形参的 Lambda 表达式，该 Lambda 表达式即为所要创建的线程中执行的功能代码。仓颉程序默认在主线程执行，但是通过 spawn 创建的线程会脱离主线程，而启动一个新的子线程。下面的示例代码试图在主线程和子线程中打印信息。

```
//ch12/proj1201/src/main.cj
from std import sync.sleep
from std import time.Duration
main(): Int64 {
    spawn {                                //创建子线程
        => for (i in 0..5) {
            println(" 子线程中 i = ${i}")
            sleep(Duration.millisecond*100)    //休眠 100ms
        }
    }
```

```
    for (i in 0..5) {
        println("主线程中 i = ${i}")
        sleep(Duration.millisecond*100)              //休眠 100ms
    }
    return 0
}
```

由于采用了多线程，多线程是并发运行的，因此以上代码输出的结果可能如下：

```
主线程中 i = 0
  子线程中 i = 0
  子线程中 i = 1
主线程中 i = 1
  子线程中 i = 2
  子线程中 i = 3
主线程中 i = 2
  子线程中 i = 4
主线程中 i = 3
主线程中 i = 4
```

在上面的例子中，函数 sleep 的功能是使当前线程休眠指定时长，其参数的类型为 Duration，Duration 内定义多个时间单位。sleep 的原型如下：

```
func sleep(dur: Duration): Unit              //休眠至少 ns 纳秒
```

当调用 sleep 传递的实际参数为 Duration.Zero 时，当前线程只会让出执行资源，并立即重新准备就绪，并不进入睡眠。

上例中，当设定主线程中每次循环休眠时长较短时，子线程就很有可能在执行过程中被中止。

因为在主线程结束时，子线程即使没有运行完成，也会在主线程结束时被强行中止，因此主线程具有比子线程更长的运行期。

备注：和很多语言不同，仓颉线程采用的不是 Thread 关键字，而是 spawn。在仓颉语言中，在主线程中创建的子线程依附于主线程。

12.1.2　等待线程

由于多个线程是并发执行的，因此每个线程的结束时间是不确定的。有些时候一个线程依赖于另外一个线程，需要等待另外一个线程执行结束。程序中可以通过判断 spawn 表达式的返回值来等待线程执行结束。

spawn 表达式的返回类型是泛型 Future<T>，其中 T 是类型变元，T 类型与线程的 Lambda 表达式的返回类型一致。当调用线程的 getResult()成员函数时，当前线程会被阻塞，等待相应线程执行完成，示例代码如下：

```
//ch12/proj1202/src/main.cj
```

```
from std import sync.sleep
from std import time.Duration
main(): Int64 {
    let future: Future<Unit> = spawn {
        => for (i in 0..5) {
            println(" 子线程中 i = ${i}")
            sleep(Duration.millisecond*100)    //休眠 100ms
        }
    }
    future.get()                           //阻塞当前线程, 本例为主线程, 等待 future 线程结束
    for (i in 0..5) {
        println("主线程中 i = ${i}")
        sleep(Duration.millisecond*100)          //休眠 100ms
    }
    return 0
}
```

以上代码，首先在创建子线程时使用了返回值 future，并在主线中执行了 future.get()，这样就会阻塞主线程，并等待子线程执行结束，待被等待的子线程运行结束后，主线程才会继续执行 future.get()后续的代码，因此以上代码的输出结果如下：

```
   子线程中 i = 0
   子线程中 i = 1
   子线程中 i = 2
   子线程中 i = 3
   子线程中 i = 4
主线程中 i = 0
主线程中 i = 1
主线程中 i = 2
主线程中 i = 3
主线程中 i = 4
```

泛型 Future<T>的原型声明包含 3 个成员，它们的声明及说明如下：

```
public class Future<T> {
    //阻塞当前线程, 等待对应的线程对象的结果
    //如果相应的线程中发生异常, 该方法将抛出异常
    public func get(): T

    //阻塞当前线程 ns 纳秒
    //如果在 ns 时长内被等待的线程没有结束, 则返回 Option<T>.None
    //如果 ns<=0, 则其行为与 get()相同
    public func get(ns: Int64): Option<T>

    //非阻塞方法, 如果线程有未完成的执行, 则立即返回 Option<T>
    //如果线程执行完成, 返回计算结果
    //如果相应的线程中发生异常, 该方法将抛出异常
    public func tryGet(): Option<T>
}
```

Future<T>除了可以通过阻塞等待指定的线程执行结束以外，还可以获取被等待的线程执行的结果，线程的执行结果的类型为 Option<T>，在被阻塞的线程恢复后可以使用被等待的线程的执行结果，示例代码如下：

```
//ch12/proj1203/src/main.cj
from std import sync.sleep
from std import time.Duration
main() {
    let future: Future<Int64> = spawn {
        =>
        var r = 0
        for (i in 0..5) {
            println(" 新线程中 i = ${i}")
            sleep(Duration.millisecond*100)        //休眠 100ms
            r = i
        }
        return r        //线程结束后返回 r，类型为 Int64
    }
    let ns = 0              //可设置不同的 ns 值，测试输出的结果
    let rs: Option<Int64> = future.get(ns)         //使用线程结果
    match (rs) {
        case Some(v) => println("rs = ${v}")       //线程返回整数时
        case None => println("interrupt")          //线程非正常结束时
    }
}
```

12.1.3　线程同步

在多线程编程时，很多情况下多个线程之间具有关联关系，如访问相同的数据空间等。如果多线程之间没有同步或互斥机制，则很容易会出现线程竞争问题，严重时会造成死锁。

仓颉语言提供了多种线程同步机制以确保数据的线程访问安全，具体包括原子操作、互斥锁、条件变量和 synchronized 关键字。

1. 原子操作

所谓原子操作是指具有原子不可分特性的操作，即一个操作要么完全执行完成，要么完全不执行。在多线程并发执行的情况下，原子操作保证了操作的完整性。

仓颉语言支持整数类型、Bool 类型和引用类型的原子操作。

1）整型原子操作

整型原子操作可以使用的整数类型包括 Int8、Int16、Int32、Int64、UInt8、UInt16、UInt32、UInt64。之所以能够支持整型原子操作，是因为仓颉语言定义了针对整型的原子操作类，并在类的内部实现了一些原子化操作方法，在这些方法的内部实现了线程的互斥，从而达到了原子化操作整数的目的。例如下面是针对 Int64 声明的原子操作类：

```
class AtomicInt64 {
    public func load(): Int64
    public func store(val: Int64)
    public func swap(val: Int64): Int64
    public func compareAndSwap(old: Int64, new: Int64): Bool
    public func fetchAdd(val: Int64): Int64
    public func fetchSub(val: Int64): Int64
    public func fetchAnd(val: Int64): Int64
    public func fetchOr(val: Int64): Int64
    public func fetchXor(val: Int64): Int64
}
```

类似地，针对其他整数类型也有相应的原子化操作类，代码如下：

```
class AtomicInt8 {...}
class AtomicInt16 {...}
class AtomicInt32 {...}
class AtomicInt64 {...}
class AtomicUInt8 {...}
class AtomicUInt16 {...}
class AtomicUInt32 {...}
```

对于整型原子化操作，所有的原子化类型都提供了相同名称的操作函数，这些函数的基本含义如表 12-1 所示。

表 12-1　整型原子化的操作函数

原子化的操作函数	基 本 含 义
load()	原子读取，读取过程具有原子性
store(val)	原子写入 val，写入过程具有原子性
swap(val)	原子替换，当前值由 val 替换，返回交换前的值
compareAndSwap(cv,sv)	比较后再替换，如果当前值和 cv 相等，则用 sv 替换，否则不替换。替换成功后返回值为 true，否则返回值为 false
fetchAdd(val)	原子加法运算，当前值加上 val，函数返回执行加操作之前的值
fetchSub(val)	原子减法运算，当前值减去 val，函数返回执行减操作之前的值
fetchAnd(val)	当前值和 val 进行位与运算，返回执行操作之前的值
fetchOr(val)	当前值和 val 进行位或运算，返回执行操作之前的值
fetchXor(val)	当前值和 val 进行位异或运算，返回执行操作之前的值

使用整数原子化类型需要导入相应的包，这些类型都定义在标准库的 sync 包中。下面是一个整数原子操作的例子：

```
//ch12/proj1204/src/main.cj
from std import sync.*          //导入包
```

```
main() {
    var atomI: AtomicInt64 = AtomicInt64(1)//定义原子整型量 atomI
    var x = atomI.load()           //将 atomI 中的整数值读给 x，x 为 Int64 类型
    println(x)                     //输出 1
    atomI.store(2)                 //写入 2
    x = atomI.load()
    println(x)                     //输出 2
    x = atomI.swap(3)              //替换，atomI 中整数为 3，将交换前的 2 返给 x

    var y = atomI.compareAndSwap(3, 300)
    //判断 atomI 中的值是 3，所以用 300 替换，替换成功后返回值为 true
    println(y)                     //输出 true
    y = atomI.compareAndSwap(3, 600)   //atomI 中的值已经是 300，而不是 3，所以返回值为 false
    println(y)                     //输出 false

    x = atomI.fetchAdd(200)        //加 200，但是返回加前的值 300
    println(x)                     //输出 300
    x = atomI.load()               //再次读取
    println(x)                     //输出 500

    atomI.fetchOr(7)               //按位和 7 进行或运算
    //500 的二进制为 1 1111 0100
    //7 的二进制为 111
    //按位进行或运算后为 1 1111 0111，对应的十进制是 503
    x = atomI.load()               //再次读取
    println(x)                     //输出 503
}
```

整数类型的原子操作可以保证在多线程情况下的操作原子性，而普通的整型不能，下面是在多线程环境下的普通整数和原子化整型运算对比示例：

```
//ch12/proj1205/src/main.cj
from std import collection.*    //导入包
from std import sync.*          //导入包
let atomI = AtomicInt64(0)      //原子化整型
var intI:Int64 = 0              //普通整型
main() {
    let list = ArrayList<Future<Int64>>()
    //创建 1000 个线程
    for (i in 0..1000) {
        let fut = spawn {
            intI = intI + 1      //加 1
            atomI.fetchAdd(1)    //原子加 1
        }
        list.add(fut)
    }
```

```
    for (f in list) {
        f.get()                    //等待所有线程执行完成
    }
    let val = atomI.load()
    println("atomI = ${val}")    //输出 atomI = 1000
    println("intI = ${intI}")    //每次运行输出不确定的 intI 值
}
```

以上代码，创建了 1000 个子线程，在这些线程中都对普通整数 intI 和原子化类型整数 atomI 进行了加 1 操作。在没有原子化保障的情况下的 intI 不一定会被每个线程完整地加 1，而 atomI 会被每个线程执行完整的加 1 操作。

2）Bool 类型和引用类型的原子操作

Bool 类型和引用类型的原子化函数基本是相同的，这些原子化操作函数的基本含义如表 12-2 所示。

表 12-2　Bool 类型和引用类型原子化的操作函数

原子化的操作函数	基 本 含 义
load()	原子读取，读取过程具有原子性
store(val)	原子写入 val，写入过程具有原子性
swap(val)	原子替换，当前值由 val 替换，返回的是交换前的值
compareAndSwap(cv,sv)	比较后再替换，当前值如果和 cv 相等，则用 sv 替换，否则不替换。替换成功后返回值为 true，否则返回值为 false

Bool 类型对应的原子类型是 AtomicBool，下面是 Bool 原子类型的示例：

```
//ch12/proj1206/src/main.cj
from std import sync.*
main() {
    var obj = AtomicBool(true)   //Bool 原子类型
    var x = obj.load()           //x 为 true
    obj.store(false)             //存储 false
    obj.swap(true)               //替换成 true
    x = obj.load()               //读入
    println(x)                   //输出，x 为 true
}
```

引用类型对应的原子类型是 AtomicReference，下面是 AtomicReference 原子类型的示例：

```
//ch12/proj1207/src/main.cj
from std import sync.*                          //导入包
class A {                                       //定义类
    public var i: Int64 = 0
    init(v:Int64) {                             //构造函数
```

```
            i = v
    }
}
main() {
    var a = A(1)                          //定义普通对象
    var b = A(2)                          //定义普通对象
    var c = A(3)                          //定义普通对象
    var atom1 = AtomicReference(a)        //原子引用
    var cas = atom1.compareAndSwap(a, c)  //替换, cas 为 true
    println(cas)                          //输出 true
    var r = atom1.load()                  //原子读取
    println(a.i)                          //输出 1
    println(r.i)                          //输出 3
    cas = atom1.compareAndSwap(b,c)       //不替换, cas 为 false
    println(cas)                          //输出 false
}
```

2. 互斥锁

当多个线程访问同一资源时，只要每次只允许一个线程访问的代码被执行即可实现资源的互斥访问。线程中访问同一资源的代码称为临界区，通过互斥锁对临界区进行保护，使进入临界区的线程任何时刻最多只能有一个，从而可以避免操作资源冲突。互斥锁的作用是对临界区加以保护，当一个线程试图获取一个已被其他线程持有的锁时，该线程会被阻塞，进而避免进入临界区，只有当有锁被释放时，阻塞的线程才会被唤醒。

使用互斥锁时，必须遵守以下两条重要规则：

（1）在访问共享数据之前，必须尝试获取锁（或称上锁），只有获取锁（上锁成功）的线程才能进入临界区，如果取不到锁（上锁失败），则当前线程阻塞。

（2）线程操作完成共享资源后，必须释放锁（或称解锁），以便其他线程可以获得锁。

所谓锁其实就是一个对象，仓颉语言定义了 ReentrantMutex 类，通过该类创建的对象即为互斥锁对象，该类提供的主要成员函数及说明如下：

```
class ReentrantMutex {
    //构造函数
    public init()

    //上锁, 如果未获得, 则阻塞线程
    public func lock(): Unit

    //解锁, 如果有其他线程阻塞在该锁上, 则唤醒一个线程
    public func unlock(): Unit

    //尝试上锁, 如果未获得, 则返回值为 false,否则返回值为 true
    public func tryLock(): Bool
```

```
    }
```

下面代码是通过互斥锁保护对全局共享变量 intI 访问的示例，程序中创建的 1000 个线程每次只有一个线程可以获得锁（对应操作 lock），线程上锁成功后进入临界区对 intI 执行加 1 操作，这样确保所有的线程可以独立地执行加 1 操作，然后通过解锁操作（对应操作 unlock）释放锁。通过互斥锁确保每次只有一个线程可以完整地完成对 intI 的加 1 操作，所以 intI 的最终值为 1000，示例代码如下：

```
//ch12/proj1208/src/main.cj
from std import collection.*        //导入包
var intI:Int64 = 0                  //普通整型
let mtx = ReentrantMutex()          //定义互斥锁
main() {
    let list = ArrayList<Future<Unit>>()
    //创建 1000 个线程
    for (i in 0..1000) {
        let fut = spawn {
            mtx.lock()              //获取锁
            intI = intI + 1         //加 1
            mtx.unlock()            //解锁
        }
        list.append(fut)
    }
    for (f in list) {
        f.get()                     //等待所有线程执行完成
    }
    println("intI = ${intI}")       //intI 的值为 1000
}
```

使用互斥锁必须避免以下错误，否则可能会出现死锁，导致严重的错误。

（1）在线程操作临界区的开始处获取锁，在结束处必须释放锁。

（2）在当前线程没有持有锁的情况下调用解锁 unlock 将会抛出异常，因此 lock 和 unlock 一般需要成对出现。

（3）通过 tryLock()方式并不能保证获取锁，此时可能会出现在没有持有锁的情况下调用 unlock 释放锁而抛出异常。

（4）通过 tryLock()方式获取锁时不会阻塞当前线程，从而有可能直接进入操作临界区。这样可能起不到线程间互斥的作用，示例代码如下：

```
//ch12/proj1209/src/main.cj
from std import sync.*              //导入包
var intI: Int64 = 0                //普通整型
let mtx = ReentrantMutex()         //定义互斥锁
main() {
    for (i in 0..1000) {
```

```
        spawn {
            mtx.tryLock()           //尝试获得锁，立即返回
            intI = intI + 1
            mtx.unlock()            //解锁
        }
    }
    println(intI)                   //输出的不一定是 1000
}
```

（5）对于同一个线程，ReentrantMutex 锁是可重入的，即在当前线程已经持有一个互斥锁时，还可以继续立即获得同一个锁，但是调用 unlock() 的次数必须和调用 lock() 的次数相同，这样才能成功地完全释放该锁，示例代码如下：

```
//ch12/proj1210/src/main.cj
from std import sync.*          //导入包
var intI: Int64 = 0            //普通整型
let mtx = ReentrantMutex()    //定义互斥锁
func add1() {
    mtx.lock()
    intI += 1
    add2()                    //调用 add2
    mtx.unlock()
}
func add2() {
    mtx.lock()                //可以获取锁
    intI += 2
    mtx.unlock()              //解锁
}
main() {
    let fut = spawn {
        add1()
    }
    fut.get()
    println(intI)             //输出 3
}
```

（6）在使用多个锁时，需要避免线程出现"循环等待"现象，即线程持有别的线程需要的锁，与此同时还在申请获取别的线程持有的锁，这样会造成线程死锁。

如下代码定义了两个互斥锁 mtx1 和 mtx2，线程 fut1 和 fut2 分别获得了一个锁，同时进一步获取另外一个锁，这样就形成了两个线程都持有一个锁而等待另外一个锁的局面，这样便造成了死锁。死锁会造成线程无限等待，因此必须避免死锁。

```
//ch12/proj1211/src/main.cj
from std import sync.*
from std import time.Duration
let mtx1 = ReentrantMutex()                    //互斥锁 1
```

```
let mtx2 = ReentrantMutex()                        //互斥锁 2
main():Unit{
    let fut1 = spawn {
        mtx1.lock()                                //获取锁 1
        sleep(Duration.Millisecond*10)             //等待，也可以执行耗时代码
        mtx2.lock()                                //获取锁 2，已经被 fut2 获得
        mtx2.unlock()
        mtx1.unlock()
    }
    let fut2 = spawn {
        mtx2.lock()                                //获取锁 2
        sleep(Duration.Millisecond*10)             //等待，也可以执行耗时代码
        mtx1.lock()                                //获取锁 1，已经被 fut1 获得
        mtx1.unlock()
        mtx2.unlock()
    }
    fut1.get()
    fut2.get()
}
```

3. 条件变量

条件变量是利用线程间共享的变量进行同步的一种机制，条件变量可以使线程休眠，以等待某种条件的出现。

当一些线程因等待共享变量的某个条件成立而挂起时，另一些线程可以改变共享的变量，使条件成立，然后执行唤醒操作，这样便使挂起的线程被唤醒而可以继续执行。

为了防止线程竞争，条件变量总是和一个互斥锁结合在一起使用。条件变量的实例可以通过 Monitor 创建，条件变量对应的 Monitor，也可称为监视量，该类的成员声明如下：

```
public class Monitor <: ReentrantMutex {
    //构造函数
    public init()

    //等待信号，阻塞当前线程
    public func wait(timeout!: Duration = Duration.Max): Bool

    //唤醒一个等待的线程
    public func notify(): Unit

    //唤醒所有等待的线程
    public func notifyAll(): Unit
}
```

下面是一个典型的生产者/消费者问题的实现，通过条件变量使生产者线程 producter 和消费者线程 cunsumer 进行同步，生产者每生产一个新的资源后，消费者就访问共享存储区使用该资源，示例代码如下：

```
//ch12/proj1212/src/main.cj
from std import sync.*
from std import collection.*
from std import time.Duration
var mtxc = Monitor()                  //条件变量
let list = ArrayList<Int64>()         //用于存储数字的列表，代表共享存储区
var something = 0                     //something 代表某种资源
var hasPut = false                    //代表是否放入资源
main(): Unit {
    let producer = spawn {            //生产者线程
        while (true) {                //不停地生产
            mtxc.lock()               //上锁
            if (hasPut) {             //判断是否已经放入资源
                mtxc.wait()           //线程挂起等待，让出锁
            }
            something++
            println("add:${something}")
            list.append(something)    //加入存储区
            hasPut = true             //修改放入标记
            mtxc.notify()             //通知挂起的线程
            sleep(Duration.millisecond*1000)
            mtxc.unlock()             //解锁
        }
    }
    let cunsumer = spawn {            //消费者线程
        while (true) {                //不停地生产
            mtxc.lock()               //上锁
            if (!hasPut) {            //判断是否放入新的资源
                mtxc.wait()           //没有新资源，挂起等待，让出锁
            }
            for (it in list) {        //循环输出列表中的资源
                print("${it} ")
            }
            println("")
            hasPut = false            //修改放入标记
            mtxc.notify()             //通知挂起的线程
            sleep(Duration.millisecond*1000)
            mtxc.unlock()             //解锁
        }
    }
    cunsumer.get()                    //主线程等待线程结束
    producer.get()                    //主线程等待线程结束
}
```

条件变量在执行 wait 时，必须在条件变量锁的保护下进行，否则 wait 中释放锁的操作会抛出异常，造成线程中止，示例代码如下：

```
//ch12/proj1213/src/main.cj
```

```
from std import sync.*
var m1 = ReentrantMutex()
var c1 = Monitor()
var a = 0
main() {
    spawn {
        println("begin spawn")
        c1.wait()                      //异常，c1 没有上锁
        m1.lock()                      //m1 上锁
        a = a + 1
        m1.unlock()                    //m1 解锁
        println("end spawn")           //执行不到
    }
    c1.notifyAll()
    sleep(Duration.second)
    println(a)                         //输出 0
}
```

4. synchronized 关键字

尽管互斥锁提供了很灵活的上锁（lock）和解锁（unlock）操作，但是在使用时上锁和解锁必须成对出现，在代码逻辑中很容易造成上锁和解锁不配对。另外，即使代码中上锁和解锁是配对的，但在执行互斥代码段中，如果出现异常，则很有可能执行不到解锁代码，因此，仓颉编程语言提供了一个同步关键字 synchronized，同步关键字可以在作用域内自动进行加锁和解锁操作，避免互斥锁因为各种原因而不能解锁。

下面是使用 synchronized 关键字在多线程下保护共享数据的一个示例：

```
//ch12/proj1214/src/main.cj
from std import sync.*
from std import collection.*
from std import time.Daration
var value: Int64 = 0
let mutex = ReentrantMutex()                        //定义锁
main() {
    let list = ArrayList<Future<Unit>>()
    for (i in 0..1000) {                            //1000 个线程
        let fut = spawn {
            sleep(Duration.millisecond*10)          //休眠 10ms
            synchronized(mutex) {                   //同步块
                value++
            }
        }
        list.add(fut)
    }
    for (f in list) {                               //等待所有线程结束
        f.get()
    }
}
```

```
        println(value)                  //输出 1000
    }
```

通常在同步关键字 synchronized 后面的小括号内加入互斥锁实例，进而对其后花括号内的代码操作进行保护，这样确保任意时刻最多只有一个线程可以执行被保护的同步临界区代码块。

一个线程在进入由关键字 synchronized 保护的同步块前会自动获取互斥锁，如果无法获取锁，则当前线程被阻塞。

获取互斥锁的线程在退出关键字 synchronized 保护的同步块前会自动释放互斥锁。

当在被同步关键字 synchronized 保护的代码块中间出现控制转移表达式时，如出现 break、continue、return、throw 等，当前线程在跳出保护的同步块时，也会自动释放互斥锁，示例代码如下：

```
//ch12/proj1215/src/main.cj
from std import sync.*
from std import collection.*
from std import time.Duration
var value: Int64 = 0
let mutex = ReentrantMutex()                    //定义锁
main() {
    let list = ArrayList<Future<Unit>>()
    for (i in 0..1000) {                    //1000 个线程
        let fut = spawn {
            sleep(Duration.millisecond*10)      //休眠 10ms
            synchronized(mutex) {          //同步块
                if(value>=10){
                    return              //返回，跳出了同步块，自动释放锁
                }
                println(value)          //前 10 个线程会执行该表达式
                value++
            }
        }
        list.append(fut)
    }
    for (f in list) {                  //等待所有线程结束
        f.get()
    }
    println("value=${value}") //输出 value=10
}
```

12.2　异常处理

异常也可以说是不正常，一般是程序执行中出现的需要捕获并处理的错误的统称。例如数

组越界、除零错误、计算溢出、非法输入等。异常处理可以增加程序的健壮性，仓颉语言提供了异常处理机制，用于处理程序运行过程中可能出现的各种异常情况。

12.2.1　异常类型

在仓颉语言中，异常也是一种类型，所有的异常类型都是 Throwable 类的子类型，仓颉语言内置了两个 Throwable 的直接子类：Error 类和 Exception 类。

Error 类描述的是仓颉程序运行中出现的错误，如系统内部错误和资源耗尽错误等，错误一般是比较严重的，应用程序一般不应该主动抛出错误，如果出现内部错误，一般需要中止程序。

Exception 类是通常所说的异常类，一般该类描述的异常是程序运行过程中的逻辑错误，或者 IO 导致的异常，例如数组越界、打开不存在的文件等，异常需要在程序中进行捕获处理。

Exception 类又有直接子类 RuntimeException 类，RuntimeException 类描述的是程序运行时的逻辑错误，例如 getOrThrow 抛出的 NoneValueException 异常等。

除了 Exception 类外，仓颉语言还内置定义了一些其他更为具体的异常类，这些异常类都直接或间接地继承了 Exception 类。开发者可以使用这些系统已定义好的异常类型，表 12-3 列出了常见的异常类型。

表 12-3　常见的异常类型

异 常 类 型	说　　明
IndexOutOfBoundsException	数组越界异常，超出数组下标范围访问元素
OverflowException	算术运算溢出异常，如数据过大
NoneValueException	值不存在时产生的异常，如 HashMap 中无查找的 key
NegativeArraySizeException	创建大小为负的数组时抛出的异常
IllegalArgumentException	传递不合法或不正确参数时抛出的异常
ConcurrentModificationException	多线程并发修改产生的异常

开发者可以根据需要定义自己的异常类型，自定义异常类可以直接或间接地继承异常类（Exception）或其子类，示例代码如下：

```
open class MyException <: Exception {    //继承异常类
    public open func printMsg() {
        print("This is MyException")
    }
}
class YourException <: MyException {      //间接继承异常类
    public override func printMsg() {
        print("This is YourException")
    }
```

```
    }
```

由于 Exception 类是 Throwable 接口的子类型，因此所有的异常也都是 Throwable 的子类型，所有 Throwable 的成员会被继承到定义的异常类型中，可以在自定义的异常类型中使用 Throwable 中的常用成员，Throwable 的常用成员如表 12-4 所示。

表 12-4　Throwable 的常用成员

成　　员	说　　明
init()	默认构造函数
init(message: String)	带参数的构造函数，可以设置异常消息
open func getMessage(): String	返回发生异常的消息信息。该消息可在构造函数中初始化，默认为空字符串
open func toString(): String	转换成字符串，默认调用 getMessage()
func printStackTrace(): Unit	将异常堆栈信息打印到标准错误输出

随着仓颉语言的演变，Throwable 逐渐不再对开发者可见。

12.2.2　抛出和处理异常

1. throw 表达式

异常类型也是 class 类型，因此异常实例其实就是一个类的对象，创建异常其实就是实例化一个异常对象，如 MyException( )即创建了一种类型为 MyException 的异常。

抛出异常也就是抛出异常对象，仓颉语言提供了 throw 关键字，用于抛出异常。throw 表达式可以抛出任意 Throwable 的子类型对象。抛出异常的基本语法如下：

```
throw 异常对象
```

如 throw MyException( )表达式执行时会抛出一个 MyException 异常。

通过 throw 关键字抛出的异常需要被捕获处理。如果异常没有被开发者在代码中显式地进行捕获处理，则由系统调用默认的异常处理函数操作。

显式异常处理可由 try 表达式完成，try 表达式可以分为普通 try 表示式和 try-with-resources 表达式。

2. 普通 try 表达式

普通 try 表达式包括 try 块、catch 块和 finally 块 3 部分，其中 try 块为运行时可能出现异常的代码，catch 块为捕获异常并进行处理异常的代码，catch 块可以有 0 个或多个，finally 块为 try 表达式最终都要执行的代码，finally 块在有 catch 块存在时可以省略。普通 try 表达式的一般形式如下：

```
try{
```

```
    //可能抛出异常的代码
}catch(参数:异常类型){
    //处理捕获的异常
}catch(参数:异常类型){
    //处理捕获的异常
}
finally{
    //最终执行的处理代码
}
```

下面是一段含有普通 try 表达式的示例，try 块中抛出的异常会依次匹配 catch 后小括号中的异常类型，当匹配成功时，执行对应的 catch 块中的处理代码，最后执行 finally 块中的代码。

```
//ch12/proj1216/src/main.cj
main() {
    var a = 0
    try {
        if(a>0){
            throw YourException()      //抛出异常
        }else {
            throw MyException()        //抛出异常
        }
    } catch (e:YourException) {        //捕获对应类型的异常
        e.printMsg()
    } catch (e:MyException){           //捕获对应类型的异常
        e.printMsg()
    } finally{
        println("finally")            //始终执行
    }
}
```

当存在多个 catch 块时，catch 后的小括号中的异常类型应该按从子类型到父类型的顺序排列，否则后面的 catch 语句将失去意义，同时编译时也会提示错误。如上例中，两个 catch 后的类型 YourException 和 MyException 不能互换，如果把 MyException 放到前面，则无论是 YourException 还是 MyException 异常都会由第 1 个 catch 块捕获，因为这里 YourException 是 MyException 的子类型，所有 YourException 类型的异常都会被当成 MyException 类型的异常被首先捕获。

3. try-with-resources 表达式

表达式 try-with-resources 是一个带有自动处理资源的异常处理表达式，主要用于自动释放非内存资源。和普通 try 表达式不同，try-with-resources 表达式中的 catch 块和 finally 块均是可选的，并且 try 关键字和其后的块之间可以插入一个或者多个资源说明（ResourceSpecification），资源说明用来申请资源，被申请的资源会自动释放，资源说明不影响整个 try 表达式的类型。try-with-resources 表达式的一般形式如下：

```
try(ResourceSpecification){
    ...
}catch(参数:异常类型){          //catch 块可选
    ...
}finally{                      //finally 块可选
    ...
}
```

所谓资源其实就是语言层面里的对象,资源可以有多个,多个实例化对象之间使用逗号(,)
分隔。为了能够管理资源,try-with-resources 表达式要求其中的资源说明(ResourceSpecification)
类型必须实现资源(Resource)接口,Resource 接口的定义如下:

```
interface Resource {
    func isClosed(): Bool
    func close(): Unit
}
```

实现 Resource 接口,需要实现其中的 close 成员函数,一般在 close 中释放资源,通过 isClosed
可以判断是否关闭完成,并且尽量保证其中的 isClosed 函数不再抛出异常。try-with-resources
表达式在使用完资源后会自动调用 close 进行资源释放,示例代码如下:

```
//ch12/proj1217/src/main.cj
from std import collection.*
class MyRes <: Resource {              //继承 Resource 类
    let buf = ArrayList<Int64>([1, 2, 3])
    public func isClosed(): Bool {
        if (buf.isEmpty()) {
            true
        } else {
            false
        }
    }
    public func close(): Unit {         //释放资源
        buf.clear()
        print("Buf is cleared")
    }
}
main() {
    try(myRes = MyRes()){               //申请资源
        println(myRes.buf)              //使用资源
    }catch(e:Exception){                //捕获异常
        e.printStackTrace()
    }
}
```

在使用 try-with-resources 表达式时,一般没有必要再包含 catch 块和 finally 块,资源应该
在其 close 成员函数中自动释放,不建议用户再在 catch 或 finally 块中释放资源。

4. catch 的模式匹配

在异常捕获时，一般每个 catch 只捕获一种类型及子类型的异常，但有时异常类型繁杂，需要进行统一处理，这时可以使用异常通配的模式来捕获异常。在 catch 后的括号内，异常的类型模式在语法上有以下 3 种格式：

```
格式一
catch(e:异常类型){
    //处理异常
}
格式二
catch(e:异常类型 1 | 异常类型 2 | ... | 异常类型 n){
    //处理异常
}
格式三
catch(_){
    //处理异常
}
```

格式一可以捕获类型为异常类型及其子类型的异常，如果捕获到的是子类型，则会将异常实例转换成异常类型，并与 e 进行绑定，接着在 catch 块中通过 e 访问并处理捕获到的异常实例。

格式二中通过连接符（|）将多个异常类型进行拼接，连接符 "|" 表示 "或" 的关系，即可捕获类型为异常类型 1 及其子类型的异常，或者为异常类型 2 及其子类型的异常，以此类推，直到异常类型 n。当待捕获异常的类型属于上述 "或" 关系中的任一类型时，异常将被捕获，但是由于无法静态地确定被捕获异常的类型，所以被捕获异常的类型会被转换成所有异常类型 1~n 的最小公共父类型，并将异常实例与 e 进行绑定，因此在此类模式下，catch 块内通过 e 只能访问异常类型 1~n 的最小公共父类中的成员，示例代码如下：

```
//ch12/proj1218/src/main.cj
open class Animal <: Exception {
    public func animalRun(){}
}
class Cat <: Animal {
    public func catRun(){}
}
class Dog <: Animal {
    public func dogRun(){}
}
main():Unit {
    try {
        throw Cat()
    } catch (e: Cat | Dog) {
        e.animalRun()   //可以
        e.catRun()      //错误
        e.dogRun()      //错误
```

```
        }
    }
```

格式三是通配符语法。在不关心异常类型和异常实例的情况下，可以使用通配符模式，通配符为下画线（_），它可以捕获同级 try 块内抛出的任意类型的异常，在捕获异常能力上等价于 e:Exception，不同的是采用通配符不进行对象绑定，示例代码如下：

```
//ch12/proj1219/src/main.cj
main():Unit {
    try {
        throw Cat()
    } catch (e: Cat | Dog) {
        e.animalRun()
    } catch (_) {
        println("有异常")
    }
}
```

第13章

包

包（package）是仓颉提供的组织大型程序的机制，通过包可以把关系紧密的代码组织到一起，将功能不同的代码分开管理，使程序代码更有层次，从而提高项目代码的管理效率。

13.1 声明包

在仓颉语言中，声明包的基本形式如下：

```
package   name
```

其中，package 为关键字，name 为所声明的包名称，包名称要求符合仓颉标识符规则。包的声明必须是源文件的首行有效代码，其前可以有空行或注释代码，但不能有其他有效代码，如函数、类定义等。

包名称和目录名称是一一对应的，一个包名称对应一个目录名，并且同一个包中的不同源文件的包声明必须保持一致，因为它们位于同一目录下，即位于同一个包下。

当包含子包时，子包对应的目录结构是子目录，此时声明包的基本形式如下：

```
package   name.subname
```

其中，subname 对应 name 目录下的子目录名称。

下面假设项目的目录和文件结构如下：

```
src
   |-A
      |-A1
         ClassInA1.cj
      ClassInA.cj
   |-B
      ClassInB.cj
```

```
main.cj
```

在 Visual Studio Code 开发环境中，项目结构如图 13-1 所示。

图 13-1　项目结构

在上面的项目结构中，各个仓颉源代码文件中的包声明如下：

```
//ClassInA.cj 文件
package A
```

```
//ClassInA1.cj 文件
package A.A1
```

```
//ClassInB.cj 文件
package B
```

```
//main.cj 文件
//为缺省包，无包声明
```

包名称必须是合法的标识符，而且包名称中所对应的文件夹名称也必须存在，否则编译时会报错，示例代码如下：

```
//ClassInA1.cj 文件
package B.A1                     //错误，假设当前文件在 A 目录下的 A1 目录中
```

包声明不能引起命名冲突，包名不能和当前包中的顶层其他声明重名，并且当前包中的顶层声明不能与子包名重名，示例代码如下：

```
//ClassInA.cj 文件
package A
class A{                         //错误，类 A 和包重名
}
class A1{                        //错误，类 A1 和子目录 A1 重名，即和子包重名
}
```

包将标识符命名进行了分级，要求在同一级别上不能出现重名，否则在程序中使用标识符会引起歧义，但是在不同的级别上重名不会引起歧义，命名可以重复，示例代码如下：

```
//ch13/proj1301/src/A/ClassInA.cj
//ClassInA.cj 文件
package A
```

```
public  class C{              //包 A 中的类 C
}
```

```
//ch13/proj1301/src/A/A1/ClassInA1.cj
//ClassInA1.cj 文件
package A.A1
public class C{               //包 A.A1 中的类 C
}
```

```
//ch13/proj1301/src/main.cj
//main.cj 文件
import A.C                    //导入包
import A.A1.C                 //导入包
main(){
   var c1 = A.C()             //使用的是包 A 中的类 C
   var c2 = A.A1.C()          //使用的是包 A.A1 中的类 C
}
```

备注： 一般语言都有组织大型程序的机制，如 C 语言中采用 include 包含机制，C++、C# 中的命名空间机制等，仓颉语言的包机制和 Python、Java、Go 语言中的包机制类似。

13.2 包中顶层声明的可见性

在声明包的源文件中所进行的顶层声明，默认为包内都是可见的，示例代码如下：

```
//文件 1
package A
class C{}                     //类 C 可以在 A 包内使用，在其他包中不可见
var i:Int64=0                 //i 包内可以使用，在其他包中不可见
func fun(){}                  //函数 fun 包内可以使用，在其他包中不可见
```

```
//文件 2
package A
var c = C()                   //可以使用文件 1 中定义的 C 类
```

如果希望包中的顶层声明可以在别的包中使用，则需要在声明前使用 public 修饰，即声明成公有的，被 public 修饰的顶层声明的可见性被认为是包外可见的，示例代码如下：

```
package A
public interface I {}         //接口 I 包外可以使用
public var i:Int64=0          //i 包外可以使用
public func fun(){}           //函数 fun 包外可以使用
```

同一个包中的顶层标识符可以相互引用，但是要遵守可见性范围权限不扩大原则。在由 public 修饰的顶层声明中使用非 public 修饰的标识符时，可能会破坏可见性访问权限不扩大原则，具体分为以下 4 种情况。

（1）在由 public 修饰的函数声明中，函数参数与返回值不能使用非 public 修饰的标识符，示例代码如下：

```
package A

class C {}

public func f1(a:C)            //错误，参数类型 C 不是由 public 修饰的，f1 会造成 C 可见性范围扩大
{    }

public func f2():C            //错误，返回值类型为 C，f2 会造成 C 访问范围扩大
{return C()}

public func f3 ()            //错误，返回类型为 C，同 f2
{return C()}
```

（2）当由 public 修饰变量声明时，不能引用非 public 修饰的实例，示例代码如下：

```
package A
class C {}
public let v1: C = C()            //错误，v1 会破坏 C 的访问范围
public let v2 = C()            //错误，v2 为 C 类型，同上
```

（3）由 public 声明的类不能继承或实现非 public 类或接口，示例代码如下：

```
package A
class C1 {}
interface I {}
public class C2 <: C1 {}            //错误，如果 C2 在包外使用，则会破坏 C 的范围
public class C3 <: I {}            //错误
```

（4）由 public 声明的泛型的类型实参和 where 约束中不能使用非 public 类型，示例代码如下：

```
package A
class C1<T> {}
public class C<T> {}
public let v = C<C1>()            //错误，C1 没有被 public 修饰

interface I {}
public class B<T> where T <: I {}  //错误，I 没有被 public 修饰
```

以下 3 种情况遵守了可见性范围权限不扩大原则，不会造成可见性范围权限扩大。

（1）由 public 修饰的声明在其初始化表达式或函数体里内，使用非 public 修饰类，示例代码如下：

```
package A
class C {}
public func f(){
    var v1 = C()            //可以，在包外不会造成 C 可见
```

```
    return 0
}
func g(a: C) {
    return 0
}
public v2 = g(C())              //可以
public class D{                 //可以
    var v = C()
}
```

（2）由 public 修饰的顶层声明可以使用匿名函数或者任意顶层函数，示例代码如下：

```
package A
func f1(): Unit {}
public t1 = f1                  //可以
public func f2()                //可以
{return f1}
public var t2 = () -> Unit {}  //可以，匿名函数
```

（3）仓颉内置类型默认都是由 public 修饰的，示例代码如下：

```
package A
var n = 100                     //n 在包内都可以访问，隐式使用了 Int64 类型
public var t:Int64 = n          //可以使用 Int64 类型，t 包外可以访问，t 和 n 是两个变量
```

13.3 包的导入

在仓颉编程中，如果要引用其他包中的内容，包括包中定义的类型、函数等，则可以通过导入包的方式引用，导入包的基本语法如下：

```
from moduleName import packageName.itemName
```

其中，moduleName 为模块名，packageName 为包名，itemName 为包中声明的内容名称。当导入标准库模块或当前模块中的包时，可以省略 from moduleName，在进行其他跨模块导入时，必须指定模块名。导入标准库模块或当前模块中的包的基本语法如下：

```
import packageName.itemName
```

导入包中的声明，也可以使用*通配符，例如下面代码表示导入包 A 中的所有由 public 修饰的顶级声明：

```
import A.*
```

包导入语句在源文件中的位置必须在包声明之后，并且在其他声明或定义之前。另外，import 支持同时导入多个包中的内容，当导入多个包时，不同包名称之间使用逗号（,）隔开。导入时不能只有文件夹名，示例代码如下：

```
package a
```

```
from module1 import A.C1
from module2 import A.*, B.*
from module3 import C          //错误，不能只含有文件夹名的包名
```

包导入时，只允许导入被 public 修饰的顶级声明或定义，当导入不是由 public 修饰的声明或定义时将会导致错误，示例代码如下：

```
//ch13/proj1302/src/A/ClassInA.cj
//ClassInA.cj 文件
package A
public  class C{                //包 A 中的类 C，由 public 修饰
}
```

```
//ch13/proj1302/src/A/A1/ClassInA1.cj
//ClassInA1.cj 文件
package A.A1
class D{                        //包 A.A1 中的类 D，非 public 修饰
}
```

```
//ch13/proj1302/src/main.cj
//main.cj 文件
import A.C                      //导入包
import A.A1.D                   //错误，A.A1.D 不是公有的
main(){
    var c1 = A.C()              //使用的是包 A 中的类 C
    var c2 = C()                //使用 C，也是 A 中的
}
```

```
//ch13/proj1302/src/test.cj
//test.cj 文件
func test(){
    var c1 = A.C()             //类 C，在 main.cj 文件中已经导入，同包中在 test.cj 文件中可见
    var c2 = C()               //使用 C，即是 A 包中的 C
}
```

当前源文件导入包后，导入的内容在源文件及所属包的所有其他源文件中均可见，使用时可以使用导入的名称，也可以使用包含包名的完整名称，如上例中的 A.C，表示 A 包中的 C 类型。当然，如果导入的多个包中有重名的类型名，则为了加以区分需要使用带路径的完整名称。

禁止通过 import 导入当前源文件所在包中的声明或定义，示例代码如下：

```
//test.cj 文件
package Test
import Test.*                   //错误，不能导入当前包
```

禁止包之间出现循环依赖导入，包括直接和间接循环。如果包之间存在循环依赖，编译器则会报错，示例代码如下：

```
//ClassInA.cj 文件
package A
import B.*                    //错误，A 和 B 形成了循环依赖
```

```
//ClassInB.cj 文件
package B
import A.*                    //错误，B 和 A 形成了循环依赖
```

对于包导入的声明或定义，如果和当前包中的顶层声明或定义重名且不构成函数重载，则导入的声明和定义会被遮盖，如果构成函数重载，函数调用时则会根据函数重载的规则进行匹配，示例代码如下：

```
//包 A 中的文件，A/a.cj
package A
public struct R {}            //R1
public func f(a: Int64) {} //f1
public func f(a: Bool) {} //f2
```

```
//包 B 中的文件，B/b.cj
package B
import A.*
func f(a: Int64) {}          //覆盖包 A 中的函数 f
struct R {}                  //和 A 中的 R 同名
func bar() {
    R()                      //这里是 B 包中的 R，A 包中的 R 被隐藏
    f(1)                     //这里调用的是 B 包中的 f（Int64）函数
    f(true)                  //这里调用的是 A 包中的 f（Bool）函数
}
```

核心包 core 默认被编译器自动隐式导入，这也是像 String、Range 等类型能直接使用的原因，它们并不是内置类型，而是被隐式导入的类型，当然开发者也可以显式地导入。导入方式如下：

```
import core.*
```

不同包的名字空间是分隔的，因此在不同的包之间可能存在同名的顶级声明。在导入不同包的同名顶级声明时，可以重新进行命名以避免名字冲突，基本语法如下：

```
import packageName.oldName as newName
```

其中，oldName 为原来包中的名称，newName 为重新命名的名称。

新名称 newName 不能和当前包中的顶层名称冲突。新名称即使是函数类型，也不会参与函数重载。

使用 import as 对导入的声明进行重命名后，当前文件只能使用重命名后的新名字，原名失效，示例代码如下：

```
//ch13/proj1303/src/A/a.cj
//包A中的文件, A/a.cj
package A
public class C {} //C类
```

```
//ch13/proj1303/src/main.cj
//默认包中文件, main.cj
import A.C as A_C          //导入包, 重命名为A_C
main(){
    var c1 = A_C()          //使用新名称
    var c2 = A.C()          //错误, 原名称失效
    var c3 = C()            //错误, 原名称失效
}
```

可以使用如下形式对整个包进行导入重命名:

```
import oldPackageName.* as newPackageName.*
```

通过以上形式对包名进行统一重命名, 可以解决不同模块中同名包的命名冲突问题。

13.4　多包项目编译

在仓颉语言中, 包是编译的最小单元, 每个包可以单独输出 AST 文件、静态库文件、动态库文件等。一个包中可以包含多个源文件。每个包有自己的名字空间, 在同一个包内不允许有同名的顶级定义或声明, 函数重载不构成同名冲突。

模块是若干包的集合, 是开发者发布项目的最小单元。一个模块的程序入口只能在其根目录下, 它的顶层最多只能有一个作为程序入口的主函数, 即 main 函数, 主函数参数可以为空, 也可以是字符串数组 (Array<String>), 主函数的返回类型可以是整数或 Unit 类型。

仓颉语言提供了 CPM 包管理工具, 也提供了基本的命令, 可以对一个模块进行编译, 使用编译命令编译的基本形式如下:

```
cjc --module 模块路径 -i 配置文件 --module-name 模块名 --output 输出路径
```

仓颉编译器可以单独编译一个包, 编译的基本形式如下:

```
cjc --package 包名 --output-type=输出类型 --output 输出的文件名
```

其中, --module 可以简写成-m, --output 可以简写成-o, --package 可以简写成-p。

下面以一个多包和源文件项目为例, 说明在多个包的情况下项目的编译方法和过程, 该项目包含 4 个包, 一个缺省包, 一个 A 包, 一个 B 包, 在 A 包下面还有 A1 子包。每个包下面都有仓颉程序源代码文件。项目的 src 目录结构如下:

```
src
    |-A
        |-A1
```

```
        ClassInA1.cj
     ClassInA.cj
   |-B
     ClassInB.cj
  main.cj
```

项目中共有 4 个仓颉源代码文件，分别是 main.cj、ClassInB.cj、ClassInA.cj 和 ClassInA1.cj。它们分别位于不同的包中，各个文件路径及内容如下：

```
//ch13/proj1304/src/main.cj
//main.cj 文件
import B.ClassInB
main() {
    let classinb = ClassInB()
    classinb.show()
}
```

在 main.cj 文件中实现了主函数，在源文件 main.cj 中存在依赖于 B 包中的 ClassInB 类的代码，类 ClassInB 定义在 ClassInB.cj 源文件中，示例代码如下：

```
//ch13/proj1304/src/B/ClassInB.cj
//ClassInB.cj 文件
package B
import A.*
import A.A1.ClassInA1
public class ClassInB {
    public func show(): Unit {
        let c1 = ClassInA()
        c1.display()
        let c2 = ClassInA1()
        c2.display()
    }
}
```

在 ClassInB.cj 文件中实现了 ClassInB 类，其依赖于 A 包中的 ClassInA 类，ClassInA 类定义在 ClassInA.cj 源文件中，ClassInA.cj 文件的示例代码如下：

```
//ch13/proj1304/src/A/ClassInA.cj
//ClassInA.cj 文件
package A
public class ClassInA {
    public func display() {
        println("display is called in A")
    }
}
```

文件 ClassInB.cj 还依赖于 A1 包中的 ClassInA1 类，ClassInA1 类定义在 ClassInA1.cj 源文件中，ClassInA1.cj 文件的示例代码如下：

```
//ch13/proj1304/src/A/A1/ClassInA1.cj
//ClassInA1.cj 文件
package A.A1
public class ClassInA1 {
    public func display() {
        println("display is called in A1")
    }
}
```

在本项目中，缺省包依赖于 B 包，B 包依赖于 A 和 A.A1 包。在分步骤编译时，首先编译被依赖的包。依次编译 A、A1、B 和缺省包。

包 A 和 A1 没有依赖关系，编译顺序对编译结果没有影响，下面首先编译 A 包，这里使用编译生成静态库选项，编译命令如下：

```
cjc -p src/A --output-type=staticlib
```

这里由于没有设置输出文件名，编译会自动命名生成静态库名称，输出的库名字的前缀为 lib，表示库，扩展名是.a。对于 A 包默认生成的静态库为 libA.a。

通过同样的方式可以编译 A1 包，生成静态库 libA1.a，具体编译命令如下：

```
cjc -p src/A/A1 --output-type=staticlib -o libA1.a
```

由于 A1 位于 A 之下，所以这里包的路径为 src/A/A1，这里通过-o 参数将输出文件名设置为 libA1.a，也可以省略-o 选项。

接下来编译 B 包，由于 B 包依赖于 A 和 A1，因此在编译 B 包之前应确保正确地完成了对 A 和 A1 的编译。编译 B 包的命令如下：

```
cjc -p src/B  --output-type=staticlib
```

前面的编译只是生成了静态库，还不能直接运行，因为没有主函数，主函数定义在 main.cj 文件中，编译 main.cj 文件并生成可执行代码的命令如下：

```
cjc src/main.cj libB.a libA.a libA1.a --output-type=exe -o main.exe
```

这里依赖于 libA.a、libB.a 和 libA1.a 共 3 个库。--output-type=exe 表示输出可执行文件，-o main 表示输出的文件名为 main。输出类型和输出文件名都可以省略，默认生成可执行的 main 文件。以上编译命令可以简写成如下的形式：

```
cjc src/main.cj libB.a libA.a libA1.a
```

编译成功后，可以运行生成的可执行文件，运行命令如下：

```
./main
```

以上是分步进行编译项目中的包的过程，对于一个模块下的所有代码，实际上还可以直接采用模块编译参数进行统一编译，如上面的编译过程可以简单写成如下形式：

```
cjc -m ./    或    cjc -m .
```

这里的点（.）表示当前目录，以上编译命令表示编译当前模块目录下 src 目录中的所有内容。

关于仓颉编译器编译代码的更多参数和用法，可以通过编译器提供的帮助命令进行查看，帮助命令如下：

```
cjc --help
```

该命令会列出编译器的所有参数及用法，开发者可以通过帮助信息使用仓颉编译的更多参数选项。

13.5　main 函数参数

仓颉程序的入口为 main 函数，即主函数，源文件根目录下的包的顶层最多只能有一个主函数。

如果模块采用生成可执行文件的编译方式，则编译器只在源文件根目录下的顶层查找 main 函数。如果没有找到或找到多个 main 函数，编译器则会报错。如果找到唯一的 main 函数，编译器则会进一步对其返回值和参数类型进行检查。

作为程序入口的 main 函数的返回值类型只能为 Unit 或整数类型。main 函数可以没有参数，也可以有类型为 Array<String> 的参数，示例代码如下：

```
main(): Int64 {//无参数的 main 函数
    return 0
}
```

当 main 函数有参数时，可以在 main 函数内使用所传递的参数，示例代码如下：

```
//ch13/proj1305/src/main.cj
//main.cj 文件
main(args: Array<String>): Unit {
    for (arg in args) {//遍历数组，输出所有参数
        println(arg)
    }
}
```

当 main 函数有参数时，其参数由操作系统调用时传递给 main 函数。如上面程序在编译生成 main 可执行程序后，可以通过下面命令行的方式为 main 函数传递参数：

```
./main Hello World
```

包括程序名在内的各个有空白分隔的字符串会作为字符串数组传递给 main 函数，以上命令行执行程序后输出的结果如下：

```
./main
Hello
World
```

第14章

自 动 微 分

自动微分是一种对程序中的函数计算导数的技术，导数计算是数学计算中常见的计算。在人工智能领域梯度计算中经常需要计算导数，把自动微分作为语言的原生特性，使仓颉语言在人工智能领域具有先天优势。

14.1　微分技术简介

数学函数中求导数或偏导数在机器学习中有很重要的应用，如机器学习和人工智能中常用的梯度下降算法就需要对每个参数求偏导数，然后进行梯度下降。

求解函数的导数或偏导数有很多方法，如手工微分、符号微分、数值微分、前向自动微分和反向自动微分方法等。

手工微分求解法不适用于计算机计算。

符号微分求解方法是对函数在符号表示式上的微分推导，并且最终代入数值计算其在某一点上的值，符号微分最大的缺点是速度慢，并且将计算机程序转换成符号表示式较为困难。

数值微分求解方法是根据导数的原始定义，在函数求导点附件进行数值逼近，当达到一定精度时则认为是所求的导数，常用的计算方法有切线法、割线法等。尽管数值微分法在程序实现上比较简单，但缺点是计算量大。

自动微分方法是一种介于符号微分和数值微分之间的方法，符号微分强调直接对符号代数表达式进行求解，最后才代入数值求解，数值微分强调一开始直接代入数值近似求解，通过迭代不断逼近。自动微分将符号微分法应用于最基本的算子，例如常数、幂函数、指数函数、对数函数、三角函数等，然后代入数值，保留中间结果，最后应用于整个函数。自动微分应用相当灵活，可以做到完全向用户隐藏微分求解过程，由于它只对基本函数或常数运用符号微分法则，所以它可以灵活结合编程语言的循环结构和条件结构等进行控制。自动微分计算实际上是一种图计算，可以对其进行优化，这也是自动微分在深度学习、人工智能系统中得以广泛应用的原因。

关于如何使用计算机进行微分计算，读者可以参考作者 David Austin 所写的 How to Differentiate with a Computer，网址为 http://www.ams.org/publicoutreach/feature-column/fc-2017-12。

在仓颉编程中，自动微分已经成为语言的原生特性，开发者可以直接使用仓颉语言提供的接口进行自动微分运算，不必关心求解的过程。仓颉编译器默认情况下没有开启自动微分特性，开发者可以通过配置编译选项 -enable-ad 开启自动微分特性。

14.2 简单的函数自动微分

这里假设函数 $y = f(x)$，$f(x)$ 是计算 x 的平方函数，可以在程序中定义对应的表示可以微分的仓颉函数：

```
@Differentiable              //可微分关键字
func f(x: Float64): Float64 {
    return x*x               //x 的平方
}
```

定义可微分函数和普通函数不同的地方是需在函数前加上@differentiable 说明，表示该函数可微，对于可微的函数，可以使用仓颉提供的 grad 关键字直接进行求导运算，如下面代码可以对上述 f 函数在 x=3.0 处进行求导，示例代码如下：

```
//ch14/proj1401/src/main.cj
main() {
    let dx = @Grad(f, 3.0)    //求解在 x=3.0 处，f(x)的导数
    println(dx)               //输出 6.000000
}
```

对于含有自动微分的程序代码，仓颉语言要求编译时加上 -enable-ad 选项，如假设上述代码在 src/main.cj 文件中，则编译命令如下：

```
cjc -enable-ad src/main.cj
```

对于含有多个自变量的函数，则可以通过关键字 grad 自动微分求解相对于各个自变量的偏导数，示例代码如下：

```
//ch14/proj1402/src/main.cj
@Differentiable                 //可微分关键字
func g(x: Float64, y:Float64): Float64 {
    return x*x + y*y
}
main() {
    //求解函数 g 在（x,y）处，偏导数∂g/∂x 和∂g/∂y
    let dx = @Grad(g, (1.0,1.5))    //（x,y）为（1.0, 1.5）
```

```
    println(dx[0])      //输出 2.000000
    println(dx[1])      //输出 3.000000
}
```

自动微分求解时，要求对应的函数自变量必须是可微类型，如上例中的 *x* 和 *y* 都是 Float64
类型，是仓颉语言支持的可微类型。

14.3　可微类型

仓颉语言中的可微数值类型包括 3 种：Float16、Float32 和 Float64。

对于元组类型，当元组中所有元素均为可微类型时，该元组是可微元组类型，示例代码
如下：

```
let a: (Float64, Float64) = (1.0, 1.0)      //可微
let b: (Float64, String) = (1.0, "abc")     //不可微，字符串不可微
```

记录类型默认情况下是不可微类型，但开发者可在 record 类型定义上方添加@differentiable
标注，将其定义为可微，并通过排除（except）或包含（include）关键字配置记录类型的微分
行为。

在给定 except 列表后，一个 struct 类型的成员变量将分为两类。

（1）不在 except 列表中的成员变量，这些成员变量将参与该结构类型对象的微分过程。只
有当不在排除列表中成员变量都是可微类型时，结构类型才是可微类型。

（2）在 except 列表中的成员变量不参与该结构类型对象的微分过程。在微分过程中，这些
成员变量将被保持为未初始化状态，因此必须确保不访问微分结果中的这些成员变量的值，否
则将导致未定义错误。

示例代码如下：

```
@Differentiable
struct Point {                          //结构可微，因为 x 和 y 都是可微类型
   let x: Float64
   let y: Float64
}

@differentiable [except: [tag]]         //排除了 tag
struct PointWithTag {                   //可微，但不会对 tag 求偏导
   let x: Float64
   let y: Float64
   let tag: String
}

@Differentiable                         //错误，因为有 String 类型，所以 tag 不可微
struct Tag {
```

```
    let x: Float64
    let y: Float64
    let tag: String                    //不可微类型
}
```

和 except 关键字功能互补，关键字 include 用于说明可微分量包含列表，记录中所有不在该 include 列表中的成员变量都被认为定义在 except 列表中，示例代码如下：

```
@Differentiable [include: [x,y]]      //等价于[except: [tag]]
struct PointWithTag {                 //可微，但不会对 tag 求偏导
    let x: Float64
    let y: Float64
    let tag: String
}
```

在仓颉语言中，Unit 类型被规定为一种特殊的可微类型。对任何 Unit 类型对象的微分操作所得的结果均仍是 Unit 类型。

仓颉自动微分不支持对 String、Range、enum、Class、Interface、Array、Map 和 Set 类型数据进行微分，这些类型均为不可微类型。

14.4　可微函数

14.4.1　顶层可微函数

顶层函数是位于源代码中最外层的函数，对于顶层函数，开发者可以在函数定义的上方添加@Differentiable 标注，将其定义为可微函数，同时还可以通过 except 或 include 列表配置该函数的微分行为，except 和 include 的用法和记录类型定义可微相同，except 和 include 关键字只能出现一个，示例代码如下：

```
@Differentiable
func f1(x: Float64, y: Float64) {    //函数可微
    return 2*x*y
}


@Differentiable [except: [y]]        //排除了 y
func f2(x: Float64, y: Float64) {    //函数 f2 仅对 x 可计算微分
    return x*x+y
}


@Differentiable [include: [x]]       //包含 x，等价于排除 y
func f3(x: Float64, y: Float64) {    //函数 f3 仅对 x 可计算微分
    return 2*x*x+y
}
```

```
@Differentiable
func f4(x: Float64, y: Float64, z: String) {        //编译错误，没有排除 z
    return x*x+y*y
}
```

在定义顶层可微函数时，需要确保函数满足以下条件：

（1）函数的返回类型为可微类型。

（2）在 include 列表中的参数类型均为可微类型，或除了 except 列表中的所有参数类型为可微类型。

（3）函数中未使用全局变量。

（4）函数体中所有表达式均为可微函数的合法表达式，即表达式需满足以下 3 个条件。

① 表达式必须是仓颉语言支持的可微表达式，目前仓颉语言支持的可微表达式如下：

- 赋值表达式；
- 算术表达式；
- 流表达式；
- 条件表达式（if）；
- 循环表达式（限 while 和 do-while 且其中不能使用 continue、break、return）；
- Lambda 表达式；
- 可微 Tuple 类型对象的初始化表达式；
- 可微 Tuple 类型对象的解构和下标访问表达式；
- 函数调用表达式。

② 表达式不直接或间接地与在 except 列表中的函数参数有数据依赖关系。

③ 可微函数中的 return 表达式只能出现一次。

下面是几个关于函数定义不可微的示例，示例代码如下：

```
@Differentiable
func fnotd1(x: Float64): String {        //错误，返回类型不可微
    x*x
    return ""
}
```

```
var n=100
@Differentiable [include: [x]] [except: [y]]
//错误，不能同时使用 include 和 except
func fnotd2(x: Float64, y: Float64): Float64 {
    n=200                                //错误，可微函数不能使用全局变量
    return x*y
}
```

```
@Differentiable
```

```
func fnotd3(x: Float64): Float64 {
    var a=1
    while (true) {
        if ((a % 7 == 0) && (a % 13 == 0)) {
            println(a)
            break                //错误，可微函数中不能有break
        }
        a = a + 1
    }
    return x*a
}
```

```
@Differentiable
func fnotd4(x: Float64) {
    var a = match (x) {      //错误，可微不支持match表达式
    case _ => 1.0
    }
    return a
}
```

```
func fnotd5(x: Float64, y: Float64): Float64 {
    return x + y
}
@Differentiable
func fnotd6(x: Float64, y: Float64): Float64 {
    return f1(x, y)  //错误，fnotd5不可微
}
```

另外，不可微的函数还有很多，开发者可以根据原则判断所用函数是否可微，这里不再列举更多示例。

14.4.2 非顶层可微函数

可微函数可以是顶层函数，也可以是类型中的成员函数，即非顶层函数。在仓颉自动微分系统中，支持将结构和类中的成员函数定义为可微函数。

1. 记录类型构造函数和成员函数

开发者可以使用可微函数标注@Differentiable 将结构中的构造函数和成员函数定义为可微函数。

结构类型将构造函数定义为可微的前提是结构类型本身可微。在这种情况下，调用该构造函数的 struct 初始化表达式可微。若构造函数未被标注为可微，则调用该构造函数的 struct 初始化表达式不可微，示例代码如下：

```
@Differentiable                        //记录类型可微
```

```
struct Point {
    let a: Float64
    let b: Float64
    @Differentiable                    //构造函数可微
    public init(x: Float64) {
        a = x
        b = x
    }
}
@Differentiable
func getPoint(x: Float64) {      //该函数可微
    return Point(x)              //调用构造函数
}
```

结构成员函数可以标注为可微。根据仓颉语言规则，struct 成员函数隐藏包含了一个标识符为 this 的函数参数，用于表示 struct 对象本身，故用户也可以在 except 列表中配置 this 参数来决定是否需要对 this 进行微分，示例代码如下：

```
@Differentiable
struct Point {
    var x: Float64
    var y: Float64
    let tag: String
    @Differentiable [except: [this]]                    //排除 this
    public func sumsquare((z: Float64)): Float64 {      //可微
        return x*x + y*y + z*z
    }
}
```

2. 类的成员函数

类中的成员函数可以定义为可微，但自动微分系统尚不支持动态分发，所以不支持可被覆盖的成员函数可微。类成员函数隐藏包含了一个标识符为 this 的函数参数，用于表示当前对象本身。由于类类型本身不可微，所以除了静态成员函数外，用户必须将 this 加入可微成员函数的 except 列表中，示例代码如下：

```
class Point {
    let a: Float64
    let b: Float64
    @Differentiable [except: [this]]      //排除 this
    func sum(t: Float64): Float64 {       //可微
        return a + b + t
    }
}
```

另外，若被定义为可微的静态成员函数被重定义，在自动微分系统中，原函数和重定义函数为两个完全独立的函数，二者的可微性无任何关联。

14.5 自动微分 API

由于仓颉程序设计语言把自动微分内化成了语言本身的特性，所以自动微分 API 也可以称为自动微分相关的表达式。

14.5.1 @Grad 表达式

@Grad 表达式的功能是计算导数，对于一元函数来讲是导数，对于多元函数来讲是偏导数，导数和偏导数都可以称为梯度。对于一个可微函数，给出相应的输入参数值，可以使用@Grad 获取该函数在该输入值处的梯度值。通过@Grad 所计算的梯度结果不包含 except 列表中参数的偏微分值。通过@Grad 表达式计算微分主要分为下面 3 种情况：

（1）如果可微函数只有一个可微的类型参数，则@Grad 的微分结果即为函数相对于该参数的导数值。

（2）如果可微函数有多个可微的类型参数，则@Grad 的微分结果即为函数相对于这些参数的偏微分值构成的元组。

（3）如果可微函数无函数参数或函数参数均在 except 列表中，则@Grad 的微分结果为 Unit 类型。

例如，下面是函数 mul 在（2.0, 3.0, true）处的梯度值的自动微分计算和输出。

```
//ch14/proj1403/src/main.cj
@Differentiable
func square(x: Float64) {
    return x*x
}

@Differentiable [except: [flag]]
func mul(x: Float64, y: Float64, flag: Bool): Float64 {
    return if (flag) {- x * y} else {x * y}
}

main(): Int64 {
    let square_grad = @Grad(square,5.0)
    var mul_grad = @Grad(mul, (2.0, 3.0, true))
    println(square_grad)    //输出 10.000000，即对 x 的导数
    println(mul_grad[0])    //输出 -3.000000，即对 x 的偏导
    println(mul_grad[1])    //输出 -2.000000，即对 y 的偏导
    println(mul_grad[2])    //错误，不包含对第 3 个变量 flag 的偏导
    return 0
}
```

含有@Grad 的表达式只能直接对 var 或 let 变量初始化表达式，不允许在其他任何表达式

中使用@Grad 关键字，示例代码如下：

```
//ch14/proj1404/src/main.cj
main(): Int64 {
    let square_grad = @Grad(square,5.0) + 6        //错误，不能混合运算
    var t:Float64
    t = @Grad(square,5.0)                          //错误，非初始化表达式不能使用@Grad
    println(@Grad(square,5.0))                      //错误，不能作为函数参数使用@Grad
    let (gradx, grady) = @Grad(mul, (2.0, 3.0, true))  //错误，不能赋值元组
}
```

不能对非顶层可微函数使用@Grad 表达式，示例代码如下：

```
ch14/proj1405/src/main.cj
@Differentiable
struct Record {
    @Differentiable
    public func test1(x: Float64) {
        return x * x
    }
}

main() {
    let a = A()
    let g = @Grad(a.test1, 1.0)       //错误，test1 不是顶层函数
    return 0
}
```

表达式@Grad 要求计算梯度值的函数必须是一个可微函数，并且该函数的返回类型只能是类型 Float16、Float32 或 Float64。给定的参数也必须和函数的参数对应，示例代码如下：

```
//ch14/proj1406/src/main.cj
@Differentiable
func test2(x: Float64): Int64{
    return int(x*x)
}

main(): Int64 {
    let g1 = @Grad(test2, 5.0)        //错误，test2 的返回类型不是可微类型
    let g2 = @Grad(test2, 5)          //错误，这里 5 是整数，和参数类型不对应
    return 0
}
```

当对具有多个参数的可微函数计算梯度时，应该给 grad 提供一个由函数所有参数的类型构成的对应元组，以确定计算梯度的具体位置，示例代码如下：

```
//ch14/proj1407/src/main.cj
@Differentiable [except: [flag]]
func mul(x: Float64, y: Float64, flag: Bool): Float64 {
```

```
    return if (flag) {- x * y} else {x * y}
}
main(): Int64 {
    var mul_grad = @Grad(mul, (2.0, 3.0, true))   //正确
    var e1 = @Grad(mul, (2, 3, true))             //错误，2 和 3 是整数，类型不对应
    var e2 = @Grad(mul, (2, 3))                   //错误，缺少一个分量
    var e3 = @Grad(mul, 2)                        //错误，需要提供一个元组
    var e4 = @Grad((2, 3, true),mul)              //错误，参数顺序不对
    return 0
}
```

14.5.2 @ValWithGrad 表达式

表达式@ValWithGrad 除了可以发挥@Grad 表达式的作用外，还会带回一个被微分函数在所求梯度处的函数值。

表达式@ValWithGrad 的返回结果为一个包含两个子元素的元组。第 1 个子元素为原可微函数在给定输入值处的函数值结果；第 2 个子元素为原可微函数在给定输入值处的微分结果。与@Grad 关键字相同，该微分结果不会包含 except 列表中参数的偏微分值，示例代码如下：

```
//ch14/proj1408/src/main.cj
@Differentiable [except: [flag]]
func mul(x: Float64, y: Float64, flag: Bool): Float64 {
    return if (flag) {- x * y} else {x * y}
}

main(): Int64 {
    var r = @ValWithGrad(mul, (2.0, 3.0, true))
    let (val,mul_grad) = r
    println(val)              //输出 -6.000000，即函数值
    println(mul_grad[0])      //输出 -3.000000，即对 x 的偏导
    println(mul_grad[1])      //输出 -2.000000，即对 y 的偏导
    return 0
}
```

除了返回结果的形式不一样外，表达式@ValWithGrad 的使用要求和@Grad 的使用要求基本相同。它们都只能在 var 或 let 变量初始化表达式中使用，并且都不能在非顶层可微函数中使用，它们都要求给定的函数必须是一个可微函数，并且该函数的返回类型只能是 Float16、Float32 或 Float64，使用两个关键字时都需要注意参数匹配问题。

14.5.3 @AdjointOf 表达式

表达式@AdjointOf 的作用是为给定可微函数生成一个伴随函数。伴随函数的输入参数与原可微函数数量、类型均一致。伴随函数的返回结果为一个包含两个子元素的元组，该元组的第

1 个子元素为原可微函数在给定输入值处的值，第 2 个子元素为原可微函数在给定输入值处的梯度反向传播器，示例代码如下：

```
//ch14/proj1409/src/main.cj
@Differentiable
func f(x: Float64, y: Float64): Float64 {
    return x*x + y
}
main() {
    let f_a = adjointOf(f)          //得到 f 的伴随函数 f_a
    let r = f_a(1.0, 2.0)           //调用伴随函数
    let fR = r[0]                   //fR 为 3.000000
    let fBP = r[1]                  //fBP 为反向传播器
    println(fR)                     //输出 3.000000
}
```

需要注意的是，表达式@AdjointOf 不能对非顶层可微函数使用。

14.5.4　stopGradient 函数接口

和关键字不同，stopGradient 是一个函数接口，对于可微函数，开发者可以使用 stopGradient 函数接口强制中止某个变量或中间结果的梯度传播。函数 stopGradient 是一个泛型函数，可接受任意类型数据输入并将其直接返回，该函数的定义如下：

```
func stopGradient<T>(x: T) {
    return x
}
```

函数 stopGradient 的调用不影响原可微函数的执行逻辑，但自动微分系统将识别该函数接口，并中止函数参数 x 对应变量或中间结果的梯度传播。当函数 stopGradient 作用于可微函数时，可以把可微函数变成不可微函数，示例代码如下：

```
//ch14/proj1410/src/main.cj
@Differentiable
func f(x: Float64) {
    let t0 = x * 2.0
    let t1 = x * 3.0
    return t0 + t1                           //t0 和 t1 都会将梯度传播到 x
}
@Differentiable
func g(x: Float64) {
    let t0 = x * 2.0
    let t1 = x * 3.0
    return t0 + stopGradient<Float64>(t1)    //只有 t0 会将梯度传播到 x
}
main() {
```

```
    let res0 = @Grad(f, 1.0) //res0 为 5.0
    let res1 = @Grad(g, 1.0) //res1 为 2.0
}
```

14.6   高阶微分

前面的示例都是一阶微分的计算，二阶及二阶以上的微分统称为高阶微分。对于高阶微分的计算，开发者可以使用@Grad、@ValWithGrad、@AdjointOf 等关键字来共同实现。

进行高阶微分，需要在@Differentiable 标注中明确阶数，阶数采用 stage 关键字进行标记，stage 信息标记的是微分函数的最高微分阶数，在不使用 stage 时，默认微分阶数为一阶，示例代码如下：

```
//ch14/proj1411/src/main.cj
@Differentiable [stage: 2]        //将最高阶数标记为 2
func f1(x: Float64) {
    x * x * x
}
@Differentiable
func f2(x: Float64) {
    let dx = @Grad(f1, x)         //对 f1 求导
    return dx
}
main() {
    let x: Float64 = 1.0
    let r1= @Grad(f1, x)          //r1 为 3.000000
    let r2= @Grad(f2, x)          //r2 为 6.000000，二阶微分
    println(r1)                   //输出 r1
    println(r2)                   //输出 r2
}
```

需要注意的是，当前仓颉语言只支持最高二阶微分。另外，仓颉语言不允许出现微分循环依赖，即不允许在微分函数中对函数本身或调用函数本身使用@Grad、@ValWithGrad、@AdjointOf 表达式，这样会产生循环依赖错误。

第15章

元　编　程

15.1　元编程简介

元编程是编写可以操纵程序代码的程序。在传统的编程范式中，程序代码是静态的，程序运行是动态的。元编程可以将程序作为数据来对待，将一些运行过程从运行时挪到了编译时，并在编译期进行代码生成。元编程赋予了编程语言更加强大的表达能力，仓颉语言具有元编程能力。

可以进行元编程的语言可称为元语言，元语言所编写的程序操纵的语言称为目标语言。根据元语言和目标语言是否是同一种编程语言，可以将元编程分为元语言非目标语言和元语言即目标语言两大类。

当元语言非目标语言时，元编程侧重代码内容的生成，并不关注目标语言代码的编译和执行，也可称为产生式编程。简单来说就是通过一种语言代码生成另外一种编程语言代码。

当元语言即目标语言时，元编程是语言所支持的高级特性，是在编译期或运行期生成或改变代码的一种编程形式。简单来说就是通过语言程序代码生成新的本语言代码。

元编程已有一定历史，如 LISP 语言就是可以进行元编程的典型，早在 20 世纪 70 年代已经开始流行。C++的范型编程也属于元编程，1994 年，C++标准委员会在圣迭戈举行的一次会议期间，Erwin Unruh 展示了一段特别的元编程代码。Erwin Unruh 所展示代码的特别之处在于程序的功能在编译期实现，编译器以信息提示的方式产生从 2 到给定数之间的所有素数，后来发现使用 C++模板可以进行更多的元编程。

仓颉语言提供的元编程能力支持代码复用、操作语法树、编译过程中求值，甚至自定义文法等功能。

15.2 元编程类型和引述表达式

仓颉语言的元编程基于语法实现，编译器在语法分析阶段完成目标程序的生成工作，语法由词法单元构成，仓颉元程序的输入、输出都是词法单元。

在仓颉语言中，元程序的词法单元也称为 Token。仓颉定义了 Token 类型，为了更好地组织多个 Token，仓颉还定义了 Tokens 类型（名字采用 Token 的复数）；同时，仓颉语言还定义了引述表达式（也称 quote 表达式）。Token 类型是单个词法单元的类型，Tokens 类型是多个词法单元组成的结构类型，引述表达式是构造 Tokens 实例的一种表达式。

15.2.1 Token 类型

Token 是元编程提供给用户可操作的词法单元，含义上等同编译器中词法分析器输出的 Token，示例代码如下：

```
let  a = 10
```

其中，let 是仓颉的一个关键字，=是赋值运算符，a 是自定义的标识符名称，10 是一个常量值。在仓颉元编程中，如果要生成含有关键字 let 的代码，就可以构造一个 Token 对象，使用 Token 生成关键字 let，构造 Token 对象的代码如下：

```
Token(TokenKind.LET)
```

这里 TokenKind 是一个枚举类型，其中列举了仓颉语言所有的关键字、符号等对应的枚举构造器，使用 TokenKind 的构造器可以构造出仓颉语言所有的 Token，即可以构造出仓颉语言支持的所有词法单元。TokenKind 的声明如下：

```
public enum TokenKind {
    | ADD                    //对应 "+" 号
    | INT64                  //对应类型关键字 Int64
    | FUNC                   //对应函数声明关键字 func
    | WHILE                  //对应关键字 while
    | PUBLIC                 //对应关键字 public
    | ASSIGN                 //对应赋值运算符=
    | IDENTIFIER             //对应自定义标识符
    //...此处省略很多，总之，TokenKind 中定义了所有的词法单元的对应构造器
}
```

一个 Token 中的信息包括 Token 类型（TokenKind）、构成 Token 的字符串和 Token 的位置。Token 和 TokenKind 类型都定义在仓颉语言的 ast 标准库包中，使用时需要导入相应的包，导入包的代码如下：

```
from std import ast.TokenKind
from std import ast.Token
```

```
//或采用通配符导入 ast 下的所有类型，如下：
from std import ast.*
```

Token 存在 3 个构造函数，它们在 Token 的类型中的声明如下：

```
public struct Token {
    init()                              //默认构造函数
    init(k: TokenKind)                  //根据类型创建 Token
    init(k: TokenKind, v: String)       //根据类型和值创建 Token
}
```

下面是构造不同的 Token 的示例：

```
let tk1 = Token(TokenKind.LET)                  //对应关键字 let
let tk2 = Token(TokenKind.IDENTIFIER, "a")      //对应自定义标识符 a
let tk3 = Token(TokenKind.ASSIGN)               //对应赋值运算符=
```

15.2.2　Tokens 类型

为了更高效地组织词法单元，仓颉语言定义了 Tokens 类型，Tokens 是对 Token 序列进行封装的类，可以理解为 Tokens 是由词法单元（Token）元素组成的数组，Tokens 类型提供了 3 个构造函数，可以构造 Tokens 实例，构造函数声明如下：

```
Tokens()
Tokens(tokArr: Array<Token>)
Tokens(tokArrList: ArrayList<Token>)
```

除了可以通过 Token 数组或数组列表构造 Tokens 外，还可以通过引用表达式构造 Tokens，示例代码如下：

```
let tks: Tokens = quote(1 + 2)
```

一个 Tokens 对象中往往包含多个 Token，Tokens 类型提供了多个操作接口，同时 Tokens 类型支持如下操作：

```
public class Tokens <: ToString & Iterable<Token> {
    public func size: Int64                         //获得 Tokens 中 Token 的个数
    public func get(index: Int64): Token            //获得第 index 个 Token
    public func iterator(): TokensIterator          //用于遍历 Tokens 中的 Token
    public func concat(ts: Tokens): Tokens          //用于拼接 Tokens
    public operator func [](index: Int64): Token    //下标访问，返回对应的 Token
    public operator func +(r: Tokens): Tokens       //用于拼接 Tokens
    public operator func +(r: Token): Tokens        //用于拼接 Tokens
    public func dump(): Unit                         //打印 Tokens 信息
    public func toString(): String                   //将 Tokens 转换成字符串
}
```

下面给出一个构造 Tokens 并输出一个仓颉语言表达式的示例：

```
//ch15/proj1501/src/main.cj
from std import ast.TokenKind
from std import ast.Token
from std import ast.Tokens
main() {
    let tk1 = Token(TokenKind.LET)                  //对应关键字 let
    let tk2 = Token(TokenKind.IDENTIFIER, "a")      //对应自定义标识符 a
    let tk3 = Token(TokenKind.ASSIGN)               //对应赋值运算符=
    let tk4 = Token(TokenKind.IDENTIFIER, "10")     //对应 10
    var tokens = Tokens()
    tokens += tk1 + tk2 + tk3 + tk4                 //拼接 4 个 Token
    println(tokens.size)                            //输出 4，表示 Tokens 包括的 Token 的个数
    println(tokens.toString())                      //输出表达式 let a = 10
}
```

以上代码定义了 4 个 Token，并把它们拼接到了变量 tokens 中，通过 Tokens 提供的 size 方法可以获得其中 Token 的个数，通过 toString( )可以转换成字符串，输出的字符串为 let a = 10，相当于构建了一行定义一个变量 a 并赋值成 10 的仓颉源代码。

Token 和 Tokens 还提供了其他的方法，可以方便地操纵和查看信息，示例代码如下：

```
//ch15/proj1502/src/main.cj
from std import ast.*                               //导入 ast 下所有的类型
main() {
    let tk1 = Token(TokenKind.IDENTIFIER, "a")      //对应自定义标识符 a
    let tk2 = Token(TokenKind.ADD)                  //对应运算符+
    let tk3 = Token(TokenKind.IDENTIFIER, "b")      //对应自定义标识符 b
    var tokens = Tokens()
    tokens += tk1 + tk2 + tk3                        //拼接 3 个 Token

    println(tk2.value)                              //输出+
    tk2.dump()                                      //输出 Token 信息
    println("--------------------")                 //输出分割线
    println(tokens.get(0).value)                    //输出 a
    tokens.dump()                                   //输出变量 tokens 中所有的 Token 信息
}
```

以上代码输出的信息如下：

```
+
description: add, token_id: 12, token_literal_value: +, fileID: 0, line: 0, column: 0
--------------------
a
description: identifier, token_id: 149, token_literal_value: a, fileID: 0, line: 0,
column: 0
    description: add, token_id: 12, token_literal_value: +, fileID: 0, line: 0, column: 0
    description: identifier, token_id: 149, token_literal_value: b, fileID: 0, line: 0,
column: 0
```

一个 Token 中的信息包括描述信息（description）、ID 信息（token_id）、字面值（token_literal_value）、文件 ID（fileID）、行（line）、列（column）。

15.2.3　引述表达式

引述表达式对应的关键字是 quote，一般也称为 quote 表达式，quote 表达式可以将仓颉代码表示为 Tokens 对象，示例代码如下：

```
let tokens1: Tokens = quote(var a)
let tokens2: Tokens = quote(10 + 20)
```

以上代码，tokens1 中包含两个 Token，由表达式 var a 转换而成，tokens1 是由 'var'、'a' 共两个 Token 组成的 Tokens。tokens2 中包含 3 个 Token，由表达式 10 +20 转换而成，3 个 Token 对应的分别是 10、+、20。下面的代码进一步使用 tokens1 和 tokens2 组成新的 Tokens，并输出信息。

```
//ch15/proj1503/src/main.cj
from std import ast.*          //导入 ast 下所有的类型
main() {
    let tokens1: Tokens = quote(var a)
    let tokens2: Tokens = quote(10 + 20)
    let ts = tokens1 + Token(TokenKind.ASSIGN) + tokens2
    println(ts.size)           //输出 6
    println(ts.toString())     //输出 var a = 10 + 20
    ts.dump()                  //输出 ts 信息
}
```

以上代码输出的信息如下：

```
6
var a = 10 + 20
description: var, token_id: 102, token_literal_value: var, fileID: 1, line: 5, column: 34
    description: identifier, token_id: 149, token_literal_value: a, fileID: 1, line: 5,
column: 38
    description: assign, token_id: 34, token_literal_value: =, fileID: 0, line: 0, column: 0
    description: integer_literal, token_id: 150, token_literal_value: 10, fileID: 1, line: 6,
column: 34
    description: add, token_id: 12, token_literal_value: +, fileID: 1, line: 6, column: 37
    description: integer_literal, token_id: 150, token_literal_value: 20, fileID: 1, line:
6, column: 39
```

在引述表达式中，可以使用插值运算符，即 $ 运算符。引述表达式中的插值表达式发挥着占位符作用，最终会被替换成相应的值，即 toTokens 后的结果，要求插值运算符修饰的表达式必须实现 ast 库中的 toTokens 接口，否则会报错。关于 ast 库及详细 API 可以参考仓颉提供的库介绍文档，这里主要介绍基本的插入运算符的用法，在引述表达式中使用插值运算符的基本格式如下：

```
$(表达式)
或
$表达式
```

插值运算符$后面的表达式一般需要使用小括号限定作用域，如$（exp）。当后面只跟单个标识符时，小括号可以省略，如$exp，示例代码如下：

```
//ch15/proj1504/src/main.cj
from std import ast.* //导入 ast 下所有的类型
main() {
    var a = 10
    let tokens1: Tokens = quote($a + 20)        //插值不带括号
    let tokens2= quote($(a+20))                 //插值带括号
    println(tokens1.toString())                 //输出 10+20
    println(tokens2.toString())                 //输出 30
}
```

下面是一个关于引述表达式和插值的示例，代码中通过引述表达式的不同形式插值参数构造了 a、b、c、d、e 共 5 个 Tokens，其中 c 采用了二进制表达式 bexp，代码中调用了 ast 库提供的解析接口 ParseBinaryExpr 将 Tokens 转换成了二进制表达式,然后将其变成抽象语法树 AST 类型，即 BinaryExpr。通过插值进一步构造出了 Tokens 对象 c，示例代码如下：

```
//ch15/proj1505/src/main.cj
from std import ast.*                          //导入 ast 下所有的类型
main() {
    var x = 10
    var y = 20
    let tokens: Tokens = quote(x+y)
    var bexp: BinaryExpr = parseBinaryExpr(tokens)    //二进制表达式
    let a = quote($(x+y))                             //注意括号
    let b = quote($tokens + 60)
    let c = quote($bexp)
    let d = quote($bexp.f())                          //注意括号
    let e = quote($(bexp.getLeftExpr()))              //注意括号
    println(a.toString())  //输出 30
    println(b.toString())  //输出 x + y + 60  含有 5 个 Token
    println(c.toString())  //输出 x + y  含有 3 个 Token
    println(d.toString())  //输出 x + y . f()  含有 7 个 Token
    println(d.size())      //输出 7
    println(e.toString())  //输出 x
}
```

需要注意的是，仓颉引述表达式 quote 的输入参数可以为任意合法的仓颉代码，但当前编译器还不支持参数中有宏调用代码的表达式。

15.3　宏

宏（macro）是仓颉语言实现元编程的主要方式，通过宏定义和宏展开使所编写的代码具有生成代码的功能。通过宏展开实现从输入代码序列到输出新的目标代码序列的映射，直到展开的目标代码没有宏为止。仓颉宏是在代码编译时进行展开的，宏展开是调用执行宏定义体的过程，也称为宏调用，展开后的结果重新作用于仓颉的语法树，继续后面的编译和执行流程。

15.3.1　宏定义和调用

在仓颉语言中，宏定义形式上类似于函数定义，宏调用也类似于函数调用，但也有所不同。关于宏定义和调用有以下说明：

（1）宏定义的关键字是 macro，而非 func。

（2）宏定义所在的包必须是宏包（macro package）。

（3）宏定义的输入和输出类型必须是 Tokens 类型。

（4）调用宏前面必须加上@符号。

（5）宏定义与宏调用不允许在同一包中。

（6）宏调用本质上是宏展开，是在编译时进行的，函数调用是在运行时执行的。

（7）必须编译宏定义后，才能编译含有宏调用的代码。

下面是仓颉宏的定义的一个示例，示例代码如下：

```
//ch15/proj1506/src/A/mtest.cj
//src/A/mtest.cj 文件
macro package A    //macro 说明 A 包是一个宏包
from std import ast.*
public macro mfun(tks: Tokens): Tokens { //定义宏 mfun
    println("在宏 mfun 中")
    return tks
}
```

有了宏定义后，可以在其他包中调用宏，下面在缺省包的 main.cj 文件中调用上面定义的宏，示例代码如下：

```
//ch15/proj1506/src/main.cj
//src/main.cj 文件
import A.*   //导入 A 包
main(){
    println("在 main 函数中")
    let a:Int64 = @mfun(1 + 2)  //调用宏
    println("a = ${a}")
}
```

宏调用本质上是宏展开，也可以说是宏替换，宏调用是在编译时进行的，对于上面的代码，首先需要编译宏定义代码，然后编译宏调用代码，编译命令如下：

```
cjc src/A/mtest.cj --output-type=dylib -o A.dll
cjc src/main.cj --macro-lib=Adll -o main.exe
```

在执行编译命令 cjc mtest.o src/main.cj 时，由于进行了宏调用，因此 main.cj 进行宏替换后的实际代码相当于如下代码：

```
//src/main.cj 文件
import A.*    //导入 A 包
main(){
    println("在 main 函数中")
    let a:Int64 = 3                //宏展开后的效果
    println("a = ${a}")
}
```

在宏调用的过程中，实际上宏定义中 println("在宏 mfun 中")也会被调用，因此编译时会在终端输出以下信息：

```
在宏 mfun 中
```

在运行最后生成的 main 可执行文件时，程序中已经不包含宏中的输出语句，因此输出的信息如下：

```
在 main 函数中
a = 3
```

仓颉语言的宏系统中的宏可以分为非属性宏和属性宏两种。非属性宏只有一个输入参数，属性宏有两个输入参数，属性宏增加的属性输入参数赋予开发者向仓颉宏提供更多额外信息的能力。

15.3.2 非属性宏

非属性宏的定义格式和函数的定义类似，不同的是需要使用 macro 关键字修饰，定义非属性宏的基本形式如下：

```
public macro macroName(args: Tokens): Tokens {
    //宏定义体
}
```

其中，macroName 为自定义的宏名称，圆括号中间为 Tokens 参数，花括号中间的内容为宏定义体。

非属性宏的调用格式和函数调用类似，不同的是需要使用@符号，基本格式如下：

```
@macroName(参数)
```

和函数调用不同，在特定情况下，宏调用也可以省略圆括号。以下是调用宏省略圆括号的情况：

```
@macroName func name() {}          //函数定义前，相当于将函数定义为宏参数调用
@macroName struct name {}          //在结构前，宏参数为记录定义，小括号可省略
@macroName class name {}           //在类前，宏参数为记录定义，小括号可省略
@macroName var a = 1               //在变量前，宏参数为记录定义，小括号可省略
@macroName enum e {}               //在枚举前，宏参数为记录定义，小括号可省略
@macroName interface i {}          //在接口前，宏参数为记录定义，小括号可省略
@macroName extend e <: i {}        //在扩展前，宏参数为记录定义，小括号可省略
@macroName prop var i: Int64 {}    //在属性前，宏参数为记录定义，小括号可省略
@macroName @AnotherMacro(input)    //在宏前，宏参数为记录定义，小括号可省略
@macroName {_ => return "Hello"}   //在 Lambda 表达式前，宏参数为记录定义，小括号可省略
```

无论是否省略圆括号，宏调用展开过程都作用于仓颉语法树，宏展开后，编译器会继续执行后续的编译操作，因此，开发者需要保证宏展开后的代码依然是合法的仓颉代码，否则会引发编译问题。

另外，由于宏不允许在其定义的包中进行调用，即同一个宏的定义和调用必须在不同的包中，因此编译器约束宏定义必须使用 public 修饰，以便使定义的宏可以在别的包中调用时具有可见的访问权限。

15.3.3 属性宏

和非属性宏相比，属性宏的定义包含两个 Tokens 类型的输入参数，增加的输入参数可以让开发者输入额外的信息。例如开发者可能希望在不同的调用场景下使用不同的宏展开策略，这种情况可以通过这个属性输入参数进行标记。同时，属性宏参数也可以传入任意 Tokens，Tokens 可以与被宏修饰的代码进行组合拼接等，示例代码如下：

```
//ch15/proj1507/src/A/mtest.cj
//src/A/mtest.cj 文件
macro package A              //说明 A 包是一个宏包
from std import ast.*
public macro mTestProc(arg1: Tokens, arg2: Tokens) : Tokens {
    return arg1 + arg2       //拼接
}
```

和非属性宏调用不同，属性宏在调用时，第 1 个参数从方括号[ ]中间传入，第 2 个参数从圆括号( )中间传入，属性宏调用及传递参数的一般形式如下：

```
@macroName[ Tokens 参数 arg1 ](Tokens 参数 arg2)
```

参数 arg2 外侧的圆括号可以省略，其省略规则和非属性宏一样。下面是一个调用属性宏 mTestProc 的示例：

```
//ch15/proj1507/src/main.cj
```

```
//src/main.cj 文件
import A.*
//导入A包
@mTestProc[class](                              //第1处调用宏
    MyClass {
        var count: Int64 = 100
    }
)
@mTestProc[public]                              //第2处调用宏，省略了小括号
struct Data {
    var count: Int64 = 200
}

main() {
    var a: Int64 = @mTestProc[1+](2+3)     //第3处调用宏
    println(a)
    var b = MyClass()
    println(b.count)
}
```

以上代码在第 1 处宏调用中，当参数是 MyClass 时，与 [ ] 内的属性 class 进行拼接，经过宏展开后，得到如下代码：

```
class MyClass {
    var count: Int64 = 100
}
```

以上代码在第 2 处宏调用中，当参数是 struct Data 时，与 [ ] 内的属性 public 进行拼接，经过宏展开后，得到如下代码：

```
public struct Data {
    var count: Int64 = 200
}
```

以上代码第 3 处宏调用展开后得到代码如下：

```
var a: Int64 = 1 + 2 + 3        //第3处调用宏
```

关于属性宏，还需要注意以下 4 点：

（1）属性宏与非属性宏相比，能修饰的 AST 是相同的，可以理解为带属性的宏只是对可传入参数做了增强。

（2）属性宏调用时，要求 [ ] 内不能为空，并且其中的方括号必须配对，示例代码如下：

```
@mTestProc[[miss one](1+2)       //错误，[ ]左右不匹配
@mTestProc[[matched]](1+2)       //合法
@mTestProc[](1+2)                //合法，[ ]内可以为空
```

（3）属性宏调用时，中括号内只允许对中括号进行转义，即 "\[" 或 "\]"，该转义中括号

不计入匹配规则,其他字符会被作为 Token,不能进行转义,示例代码如下:

```
@mTestProc[\[](1+2)      //合法,表示一个 [
@mTestProc[\(](1+2)      //错误,不能对 ( 转义
```

(4)宏的定义和调用的类型要保持一致,属性宏调用时必须加上 [ ],但是 [ ] 内的内容可以为空,非属性宏调用时不能使用 [ ]。

15.3.4 宏嵌套

仓颉语言不支持嵌套定义宏,但支持宏嵌套调用,宏嵌套调用可以在宏定义中进行,也可以在宏调用中进行。

1. 在宏定义中调用其他宏

下面实例定义了两个宏 m1 和 m2,其中 m1 位于包 pk1 中的 m1def.cj 源代码文件中,m2 位于 pk2 包中的 m2def.cj 源代码文件中,在宏 m2 的定义中调用了 m1。在默认包的 main.cj 文件中的主函数中调用了 m2 和 m1 宏,示例代码如下:

```
//ch15/proj1508/src/pk1/m1def.cj
//src/pk1/m1def.cj 文件
macro package pk1
from std import ast.*
//定义非属性宏 m1
public macro m1(input: Tokens): Tokens {
    return input
}
```

```
//ch15/proj1508/src/pk2/m2def.cj
//src/pk2/m2def.cj 文件
macro package pk2
import pk1.*
from std import ast.*
//定义属性宏 m2
public macro m2(attr: Tokens, input: Tokens): Tokens {
    return attr + @m1(input)      //在定义中调用宏 m1
}
```

```
//ch15/proj1508/src/main.cj
//src/main.cj 文件
import pk1.*
import pk2.*
main():Unit{
    @m2[100+](200)                //调用宏 m2
    @m1(1 + 2)                    //调用宏 m1
}
```

以上 3 个源文件具有依赖关系，因此在进行编译时，要按照以下次序进行：

```
cjc src/pk1/m1def.cj --output-type=dylib -o pk1.dll
cjc src/pk2/m2def.cj --macro-lib= pk1.dll --output-type=dylib -o pk2.dll
cjc src/main.cj --macro-lib "pk1.dll pk2.dll" -o main.exe
```

2．在宏调用中调用宏

在宏调用中调用宏是宏使用中比较常见的场景，当宏调用省略小括号时，宏调用更像一个带有宏修饰的代码块。下面是一个具体的示例代码：

```
//ch15/proj1509/src/pk1/m3def.cj
//src/pk1/m3def.cj 文件
macro package pk1
from std import ast.*
public macro mFun(attr:Tokens,input: Tokens): Tokens {
    return input
}
```

```
//ch15/proj1509/src/pk2/m4def.cj
//src/pk2/m4def.cj 文件
macro package pk2
import pk1.*
from std import ast.*

public macro toAdd(inputTokens: Tokens): Tokens {
    var expr: BinaryExpr = ParseBinaryExpr(inputTokens)
    var op0: Expr = expr.getLeftExpr()     //获得左边表达式
    var op1: Expr = expr.getRightExpr()    //获得右边表达式
    return quote(($(op0)) + ($(op1)))      //左边加右边
}
```

```
//ch15/proj1509/src/main.cj
//src/main.cj 文件
import pk1.*
import pk2.*
@mFun[public]                          //调用宏 mFun
class Data {
    let a = 100
    let b = @toAdd(100-200)            //调用宏 toAdd
    public func getA() {
        return a
    }
    public func getB() {
        return b
    }
}
main():Unit{
```

```
    let data = Data()
    var a = data.getA() //a = 100
    var b = data.getB() //b = 300
    println("a=${a}, b=${b}")
}
```

在宏嵌套场景下，宏展开的基本规则是：先展开内层宏，再展开外层宏；多层嵌套情况下，由内向外依次展开宏。

需要注意的是，宏嵌套调用可以带小括号，也可以不带小括号，二者可以组合，但开发者必须保证宏能够正确展开。

15.4 元编程示例

在元编程中，宏展开可以生成代码，特别是对一些比较耗时的重复计算代码，可以通过宏进行优化。下面给出一个关于优化递归求解斐波那契数列对应项的示例，利用仓颉宏为递归计算的函数进行记忆优化，从而在使用宏时大大提高计算效率，示例代码如下：

```
//ch15/proj1510/src/pk1/macroFib.cj
//src/pk1/macroFib.cj 文件
macro package pk1
from std import ast.*
//用于获得宏属性 Bool 值
func getBool(attr: Tokens): Bool {
    if (attr.size != 1 || attr[0].kind != TokenKind.BOOL_LITERAL) {
        return false                //不正常情况，返回值为 false
    }else if(attr[0].value == "true"){
        return true
    }else{
        return false
    }
}
//宏定义
public macro macroFib(attr: Tokens, input: Tokens): Tokens {
    let attrTrue = getBool(attr)
    if (!attrTrue) {                //不采用宏下面的代码
        return input
    }
    //采用宏优化代码
    let fd = parseFuncDecl(input)
    return quote(
        var hashMap: HashMap<Int64, Int64> = HashMap<Int64, Int64>()
        func $(fd.getIdentifier())(n: Int64): Int64 {
            if (hashMap.contains(n)) {
                return hashMap.get(n).getOrThrow()
            }
```

```
        if (n == 0 || n == 1) {
            return n
        }
        let ret = Fib(n-1) + Fib(n-2)
        hashMap.put(n, ret)
        return ret
    }
    )
}
```

```
//ch15/proj1510/src/main.cj
//src/main.cj 文件
import pk1.*
from std import time.*
from std import collection.*
@macroFib[true]                  //这里宏调用，当不使用 true 时，就不采用宏优化代码
func Fib(n: Int64): Int64 {
    if (n == 0 || n == 1) {
        return n
    }
    return Fib(n - 1) + Fib(n - 2)
}
main() {
    var start = DateTime.now().nanosecond
    var f = Fib(20)              //调用计算斐波那契数列第 20 项
    var end = DateTime.now().nanosecond
    println("Fib(20):${f}")
    println(" 耗时: ${(end - start)/1000} us")
}
```

在上述代码中，macroFib 是自定义的宏，它修饰了函数 Fib，也可以说当调用宏 macroFib 时以函数 Fib 作为宏参数。Fib 函数的功能是计算斐波那契数列的第 *n* 项的值。如果没有 macroFib 宏调用，或者调用时采用 false 作为属性值，则每次调用 Fib 函数时都会递归执行，这样耗时较长。使用 macroFib 宏优化后，宏为 Fib 函数在编译期间生成一些代码，记录下已经计算出的函数传入参数对应的函数返回值，下次可直接查表得到函数返回值，而不需要再次递归计算，这样可以大幅提高运行效率。

通过下面命令对上述代码进行编译和运行：

```
cjc  src/pk1/macroFib.cj --output-type=dylib -o macroFib.dll
cjc  src/main.cj --macro-lib=macroFib.dll -o main.exe
./main
```

由于每次运行的时间不尽相同，运行一次输出的结果可能如下：

```
Fib(20):6765
耗时: 45 us
```

但是，如果在上述代码中不采用宏优化，则可以修改下面这行代码。

```
@macroFib[true]          //这里宏调用，当不使用 true 时，就不采用宏优化代码
```

将上面代码中的 true 修改为 false，修改后的代码如下：

```
@macroFib[false]         //这里宏调用，当不使用 true 时，就不采用宏优化代码
```

重新编译后运行，输出的结果可能如下：

```
ib(20):6765
 耗时: 311 us
```

可以看到，采用宏优化和不采用宏优化相比，宏优化时计算斐波那契数列第 20 项的值耗时比没有优化耗时短很多。因为经过宏优化，递归过程已经在编译阶段进行了求解并记录，再次求解时只是取出对应的值，而不进行重复计算。

仓颉语言中的关键字

abstract as Bool break case catch Char class continue do else enum extend false finally Float16 Float32 Float64 for foreign from func if import in init Int16 Int32 Int64 Int8 interface IntNative is let macro main match mut Nothing open operator override package private prop protected public quote redef return spawn static struct super synchronized this This throw true try type UInt16 UInt32 UInt64 UInt8 UIntNative Unit unsafe var where while

仓颉语言中的运算符

优 先 级	运 算 符	说 明	结 合 方 向
1	@	宏调用	--
2	.	成员访问运算符	左结合
	[]	索引运算符	--
	()	函数或 Lambda 调用	--
3	++ --	后自增 后自减	--
	? !	问号 叹号	右结合
4	! -	逻辑非 负号	--
5	**	幂运算	左结合
6	* / %	乘法 除 求余	左结合
7	+ -	加法 减法	左结合
8	<< >>	位左移 位右移	左结合

续表

优 先 级	运 算 符	说 明	结 合 方 向
9	< <= > >= is as	小于 小于或等于 大于 大于或等于 类型检查 类型转换	左结合
10	== !=	判断相等 判断不相等	左结合
11	&	位与	左结合
12	^	位异或	左结合
13	| .. ..=	位或 区间不含右边值 区间含右边值	左结合
14	&&	逻辑与	——
15	|| ??	逻辑或 coalescing 操作符	左结合
16	|> ~>	pipeline 操作符 composition 操作符	左结合
17	=	赋值	左结合
18	**= *= /= %= += -= <<= >>= &= ^= |= &&= ||=	复合赋值运算符	——

仓颉语言提供的包及主要功能说明

模 块 名	包 名	中 文 名	主 要 功 能
std	ast	抽象语法树包	提供 Token 级别的代码变换，主要包括 Token 和 Tokens 数据结构，以及与仓颉 AST 相关的 Parse 接口和获取信息的 API 等
	collection	集合包	提供了多个可变的元素集合类，如 ArrayList、HashMap、Set 等
	console	终端包	提供从控制台读取和向控制台输出的功能
	convert	转换包	主要提供从字符串转换到其他类型的一系列转换函数
	core	核心包	包括常用接口 ToString、Hashable、Equatable 等，包含常用数据结构 String、Range、Array、Option 等，还有异常、错误类型等
	format	格式化包	支持对不同类型生成格式化字符串
	io	输入输出包	提供了对字符串、缓冲区、文件的读写操作，提供了类 InputStream、OutputStream、ByteArrayStream 等
	log	日志输出	提供了基础的日志打印功能，包含日期时间、不同的打印级别、日志输出（文件/终端）设置等
	math	数学包	提供常见的数学运算、常数定义、浮点数处理等
	os	操作系统相关包	提供了对操作系统访问的 API
	random	随机类包	提供用于生成随机数的类 Random
	regex	正则表达式处理	提供了分析处理文本，支持查找、分割、替换、验证等功能

模 块 名	包 名	中 文 名	主 要 功 能
std	runtime	运行时	用于提供内存数据和管理功能等
	sync	同步	提供了多线程并发编程、原子化操作等
	time	时间	提供了时间操作相关的能力
	unicode	Unicode 编码	提供了 Char 和 String 类型在 Unicode 字符集范围内的大小写转换、空白字符修剪等功能
	unittest	单元测试	提供了使用元编程语法支持单元测试功能
compress	zlib	解压缩	提供了流式压缩和解压功能
encoding	base64	Base64 格式	主要提供字符串的 Base64 编码及解码
encoding	json	JSON 格式	主要用于对 JSON 数据的处理,实现 String、JsonValue、DataModel 之间的相互转换等
net	http	网络 HTTP	提供了 clint、server 接口，网路请求和响应等网络编程功能

图 书 推 荐

书　名	作　者
仓颉语言实战（微课视频版）	张磊
仓颉语言元编程	张磊
仓颉 TensorBoost 学习之旅——人工智能与深度学习实战	董昱
仓颉语言核心编程——入门、进阶与实战	徐礼文
仓颉语言程序设计	董昱
仓颉语言极速入门——UI 全场景实战	张云波
HarmonyOS 移动应用开发（ArkTS 版）	刘安战、余雨萍、陈争艳 等
深度探索 Vue.js——原理剖析与实战应用	张云鹏
前端三剑客——HTML5+CSS3+JavaScript 从入门到实战	贾志杰
剑指大前端全栈工程师	贾志杰、史广、赵东彦
Flink 原理深入与编程实战——Scala+Java（微课视频版）	辛立伟
Spark 原理深入与编程实战（微课视频版）	辛立伟、张帆、张会娟
PySpark 原理深入与编程实战（微课视频版）	辛立伟、辛雨桐
HarmonyOS 应用开发实战（JavaScript 版）	徐礼文
HarmonyOS 原子化服务卡片原理与实战	李洋
鸿蒙操作系统开发入门经典	徐礼文
鸿蒙应用程序开发	董昱
鸿蒙操作系统应用开发实践	陈美汝、郑森文、武延军、吴敬征
HarmonyOS 移动应用开发	刘安战、余雨萍、李勇军 等
JavaScript 修炼之路	张云鹏、戚爱斌
JavaScript 基础语法详解	张旭乾
华为方舟编译器之美——基于开源代码的架构分析与实现	史宁宁
Android Runtime 源码解析	史宁宁
恶意代码逆向分析基础详解	刘晓阳
网络攻防中的匿名链路设计与实现	杨昌家
深度探索 Go 语言——对象模型与 runtime 的原理、特性及应用	封幼林
深入理解 Go 语言	刘丹冰
Vue+Spring Boot 前后端分离开发实战	贾志杰
Spring Boot 3.0 开发实战	李西明、陈立为
Flutter 组件精讲与实战	赵龙
Flutter 组件详解与实战	[加]王浩然（Bradley Wang）
Dart 语言实战——基于 Flutter 框架的程序开发（第 2 版）	亢少军
Dart 语言实战——基于 Angular 框架的 Web 开发	刘仕文
IntelliJ IDEA 软件开发与应用	乔国辉
Python 量化交易实战——使用 vn.py 构建交易系统	欧阳鹏程
Python 从入门到全栈开发	钱超
Python 全栈开发——基础入门	夏正东
Python 全栈开发——高阶编程	夏正东
Python 全栈开发——数据分析	夏正东
Python 编程与科学计算（微课视频版）	李志远、黄化人、姚明菊 等

书　名	作　者
Diffusion AI 绘图模型构造与训练实战	李福林
图像识别——深度学习模型理论与实战	于浩文
数字 IC 设计入门（微课视频版）	白栎旸
动手学推荐系统——基于 PyTorch 的算法实现（微课视频版）	於方仁
人工智能算法——原理、技巧及应用	韩龙、张娜、汝洪芳
Python 数据分析实战——从 Excel 轻松入门 Pandas	曾贤志
Python 概率统计	李爽
Python 数据分析从 0 到 1	邓立文、俞心宇、牛瑶
从数据科学看懂数字化转型——数据如何改变世界	刘通
鲲鹏架构入门与实战	张磊
鲲鹏开发套件应用快速入门	张磊
华为 HCIA 路由与交换技术实战	江礼教
华为 HCIP 路由与交换技术实战	江礼教
openEuler 操作系统管理入门	陈争艳、刘安战、贾玉祥 等
5G 核心网原理与实践	易飞、何宇、刘子琦
Python 游戏编程项目开发实战	李志远
编程改变生活——用 Python 提升你的能力（基础篇·微课视频版）	邢世通
编程改变生活——用 Python 提升你的能力（进阶篇·微课视频版）	邢世通
编程改变生活——用 PySide6/PyQt6 创建 GUI 程序（基础篇·微课视频版）	邢世通
编程改变生活——用 PySide6/PyQt6 创建 GUI 程序（进阶篇·微课视频版）	邢世通
FFmpeg 入门详解——音视频原理及应用	梅会东
FFmpeg 入门详解——SDK 二次开发与直播美颜原理及应用	梅会东
FFmpeg 入门详解——流媒体直播原理及应用	梅会东
FFmpeg 入门详解——命令行与音视频特效原理及应用	梅会东
FFmpeg 入门详解——音视频流媒体播放器原理及应用	梅会东
精讲 MySQL 复杂查询	张方兴
Python Web 数据分析可视化——基于 Django 框架的开发实战	韩伟、赵盼
Python 玩转数学问题——轻松学习 NumPy、SciPy 和 Matplotlib	张骞
Pandas 通关实战	黄福星
深入浅出 Power Query M 语言	黄福星
深入浅出 DAX——Excel Power Pivot 和 Power BI 高效数据分析	黄福星
从 Excel 到 Python 数据分析：Pandas、xlwings、openpyxl、Matplotlib 的交互与应用	黄福星
云原生开发实践	高尚衡
云计算管理配置与实战	杨昌家
虚拟化 KVM 极速入门	陈涛
虚拟化 KVM 进阶实践	陈涛
HarmonyOS 从入门到精通 40 例	戈帅
OpenHarmony 轻量系统从入门到精通 50 例	戈帅
AR Foundation 增强现实开发实战（ARKit 版）	汪祥春
AR Foundation 增强现实开发实战（ARCore 版）	汪祥春